中等职业教育改革创新精品系列教材

数控车削编程与加工技术
（第3版）

主　编　陈德航　胥　进　马利军
副主编　冯垒鑫　赵和平　郑　勇
参　编　李　益　黄万华
主　审　范　军

北京理工大学出版社
BEIJING INSTITUTE OF TECHNOLOGY PRESS

内 容 提 要

本书根据教育部颁布的中等职业学校专业教学标准，并参照相关的最新国家职业技能标准和行业职业技能鉴定规范中的有关要求编写而成。全书分为加工基础篇、循环代码篇、宏程序基础篇、技能训练篇四个部分，共含37个任务和部分考试模拟题。

本书可作为中等职业技术学校机电、数控技术应用专业及相关专业的教学用书，也可供中高职衔接加工制造类专业中职段相关课程教学使用，还可作为相关行业的岗位培训教材及自学用书。

版权专有　侵权必究

图书在版编目（CIP）数据

数控车削编程与加工技术 / 陈德航，胥进，马利军主编. —3版. —北京：北京理工大学出版社，2022.8重印

ISBN 978-7-5682-7774-7

Ⅰ.①数… Ⅱ.①陈… ②胥… ③马… Ⅲ.①数控机床–车床–车削–程序设计–岗位培训–教材 ②数控机床–车床–加工–岗位培训–教材 Ⅳ.①TG519.1

中国版本图书馆CIP数据核字（2019）第239639号

出版发行 /	北京理工大学出版社有限责任公司
社　　址 /	北京市海淀区中关村南大街5号
邮　　编 /	100081
电　　话 /	（010）68914775（总编室）
	（010）82562903（教材售后服务热线）
	（010）68944723（其他图书服务热线）
网　　址 /	http：//www.bitpress.com.cn
经　　销 /	全国各地新华书店
印　　刷 /	定州市新华印刷有限公司
开　　本 /	787毫米×1092毫米　1/16
印　　张 /	15
字　　数 /	355千字
版　　次 /	2022年8月第3版第2次印刷
定　　价 /	39.00元

责任编辑 / 封　雪
文案编辑 / 封　雪
责任校对 / 周瑞红
责任印制 / 边心超

图书出现印装质量问题，请拨打售后服务热线，本社负责调换

前　言

本书根据教育部颁布的中等职业学校专业教学标准，并参照相关的最新国家职业技能标准和行业职业技能鉴定规范中的有关要求编写而成。在编写过程中，本书以"专业与产业、职业岗位对接，专业课程内容与职业标准对接，教学过程与生产过程对接，学历证书与职业资格证书对接，职业教育与终身学习对接"的职教理念为指导思想，吸收企业、行业专家，高职院校专家意见，结合中等职业教育培养目标和教学实际需求，特别针对中等职业学生学习基础较差、理性认识较差、感性认识较强的特点，遵循由浅入深、由易到难、由简易到复杂的循序渐进规律。

为更好地适应数控车削技术的发展，并满足不同地区数控专业教学的需要，本书以现在运用较广的广州数控 GSK980TDb 车床数控系统为蓝本，展开数控车削教学。

本书主要突出体现以下特色：

1. 以学生就业为导向，以企业用人标准为依据。在数控车削知识和技能的安排上，密切联系学生的特点，对接岗位对技能人才的要求，按照"突出基础、坚持实用、强化应用"的原则，进一步加强基本技能与核心技能的训练。

2. 以企业生产实际为依托，精心选择和设计教学内容，力求反映数控车削行业的现状和趋势，尽可能多地引入不同的加工思路，并将内容与职业资格认证培训相结合，使内容多样化、灵活化，并具有时代感。

3. 教材形式新颖，展现的教学内容很充实。通过大量生产实际中的加工案例和图文并茂的表现形式，细致、形象地展现加工的整个过程。

4. 结合生产实际，在教材中突出引导学生明确"学什么"和"怎么学"的内容，突出学生应该"做什么"和"怎么做"的内容，突出完成实训任务的思路和方法的指导，建立数控加工的思维方式。

5. 教材内容实行任务驱动，将企业工作流程、操作规范及安全生产引入课程教学内容，有利于职业素养的养成；实现了教学过程与工作过程的融合。

6. 教材中突出实训任务，在实训任务中展开理论知识的运用。将理论知识的强化和应用引入实训，易于实现理实一体的教学方法，摆脱了"学科导向"课程模式及"结果导向"教学方法的束缚，从而体现出了中职专业技能课的职业性、实践性和开放性。

7. 参与修订的人员主要是从事多年中职学校教学的优秀教师和企业数控车削工种的技

术能手，他们经验丰富，了解学员，能很好地把握知识的重点、难点，并能很好地结合实际操作进行教学。

本书由四川职业技术学院为主任单位，联合多所中等职业学校的骨干教师、企业专家在四川职业技术学院的指导下编写而成。四川职业技术学院承担了四川省教育体制改革试点项目"构建终身教育体系与人才培养立交桥，全面提升职业院校社会服务能力"的探索与研究，积极搭建中高职衔接互通立交桥。构建中高职衔接教材体系，既满足中等职业院校学生在技能方面的培养需求，也能满足学生在升入高等职业院校学习时对于专业理论知识的需要。

由于编者经验和水平所限，本书难免存在不足和错漏之处，诚请从事职业教育的专家和广大读者不吝赐教、提出批评指正。

编 者

目 录

→ **第一篇　加工基础篇** ………… 1

任务一　认识车削加工 ………… 1
 任务目标 ………… 1
 任务引入 ………… 1
 知识链接 ………… 1
 任务实施 ………… 7
 课后练习 ………… 7
 任务小结 ………… 7

任务二　认识车刀 ………… 7
 任务目标 ………… 7
 任务引入 ………… 7
 知识链接 ………… 8
 任务实施 ………… 12
 课后练习 ………… 12
 任务小结 ………… 13

任务三　认识数控车床 ………… 13
 任务目标 ………… 13
 任务引入 ………… 13
 知识链接 ………… 13
 任务实施 ………… 18
 课后练习 ………… 18
 任务小结 ………… 18

任务四　了解数控系统常用的功能 ………… 18
 任务目标 ………… 18
 任务引入 ………… 19
 知识链接 ………… 19
 任务实施 ………… 23
 课后练习 ………… 23
 任务小结 ………… 23

任务五　掌握常用的基本 G 代码 ………… 24
 任务目标 ………… 24
 任务引入 ………… 24
 知识链接 ………… 24
 任务实施 ………… 28
 课后练习 ………… 29
 任务小结 ………… 29

任务六　践行数控车床的安全操作规程 ………… 30
 任务目标 ………… 30
 任务引入 ………… 30
 知识链接 ………… 30
 任务实施 ………… 34
 课后练习 ………… 34
 任务小结 ………… 34

任务七　掌握常见车刀的试切法对刀步骤 ………… 34
 任务目标 ………… 34
 任务引入 ………… 34
 知识链接 ………… 35
 任务实施 ………… 39
 课后练习 ………… 39
 任务小结 ………… 39

任务八　掌握销钉的数控车削编程 ………… 40
 任务目标 ………… 40
 任务引入 ………… 40

| 知识链接 …………………………… 41
| 任务实施 …………………………… 44
| 课后练习 …………………………… 45
| 任务小结 …………………………… 46

任务九　掌握销子的数控车削编程 …… 46

| 任务目标 …………………………… 46
| 任务引入 …………………………… 46
| 知识链接 …………………………… 46
| 任务实施 …………………………… 52
| 课后练习 …………………………… 53
| 任务小结 …………………………… 53

任务十　掌握陀螺的数控车削编程 …… 54

| 任务目标 …………………………… 54
| 任务引入 …………………………… 54
| 知识链接 …………………………… 54
| 任务实施 …………………………… 62
| 课后练习 …………………………… 63
| 任务小结 …………………………… 64

任务十一　运用 G32 代码编程车削内、外螺纹

………………………………………… 64

| 任务目标 …………………………… 64
| 任务引入 …………………………… 64
| 知识链接 …………………………… 64
| 任务实施 …………………………… 73
| 课后练习 …………………………… 73
| 任务小结 …………………………… 74

任务十二　调用子程序车削外沟槽 …… 74

| 任务目标 …………………………… 74
| 任务引入 …………………………… 75
| 知识链接 …………………………… 75
| 任务实施 …………………………… 79
| 课后练习 …………………………… 79
| 任务小结 …………………………… 80

第二篇　循环代码篇 …………… 81

任务一　掌握 G90 代码的功能、格式和循环轨迹

………………………………………… 81

| 任务目标 …………………………… 81
| 任务引入 …………………………… 81
| 知识链接 …………………………… 81
| 任务实施 …………………………… 87
| 课后练习 …………………………… 88
| 任务小结 …………………………… 88

任务二　运用 G90 代码编程车阶梯轴 …

………………………………………… 89

| 任务目标 …………………………… 89
| 任务引入 …………………………… 89
| 知识链接 …………………………… 89
| 任务实施 …………………………… 95
| 课后练习 …………………………… 95
| 任务小结 …………………………… 96

任务三　运用 G94 代码编程车削沟槽 …

………………………………………… 96

| 任务目标 …………………………… 96
| 任务引入 …………………………… 96
| 知识链接 …………………………… 96
| 任务实施 …………………………… 101
| 课后练习 …………………………… 102
| 任务小结 …………………………… 102

任务四　运用 G92 代码编程车削螺纹 …

………………………………………… 102

| 任务目标 …………………………… 102
| 任务引入 …………………………… 103
| 知识链接 …………………………… 103
| 任务实施 …………………………… 110
| 课后练习 …………………………… 110

任务小结 …………………………………… 111

任务五　调用子程序车削梯形螺纹 …… 111
任务目标 …………………………………… 111
任务引入 …………………………………… 111
知识链接 …………………………………… 112
任务实施 …………………………………… 115
课后练习 …………………………………… 116
任务小结 …………………………………… 116

任务六　掌握G71（Ⅰ型）、G70代码的功能、格式和循环轨迹
………………………………………………… 116
任务目标 …………………………………… 116
任务引入 …………………………………… 117
知识链接 …………………………………… 117
任务实施 …………………………………… 123
课后练习 …………………………………… 123
任务小结 …………………………………… 125

任务七　运用G71（Ⅰ型）、G70代码编程车削套类工件
………………………………………………… 125
任务目标 …………………………………… 125
任务引入 …………………………………… 125
知识链接 …………………………………… 125
任务实施 …………………………………… 132
课后练习 …………………………………… 132
任务小结 …………………………………… 133

任务八　掌握G71（Ⅱ型）的功能、格式和循环轨迹
………………………………………………… 133
任务目标 …………………………………… 133
任务引入 …………………………………… 134
知识链接 …………………………………… 134
任务实施 …………………………………… 139
课后练习 …………………………………… 139

任务小结 …………………………………… 140

任务九　运用G72、G70代码编写车盘类零件的程序
………………………………………………… 141
任务目标 …………………………………… 141
任务引入 …………………………………… 141
知识链接 …………………………………… 141
任务实施 …………………………………… 147
课后练习 …………………………………… 147
任务小结 …………………………………… 148

任务十　运用G73、G70代码编程仿形车削轴类零件
………………………………………………… 148
任务目标 …………………………………… 148
任务引入 …………………………………… 148
知识链接 …………………………………… 148
任务实施 …………………………………… 152
课后练习 …………………………………… 152
任务小结 …………………………………… 153

任务十一　运用G74代码编程钻端面深孔、车削端面槽
………………………………………………… 153
任务目标 …………………………………… 153
任务引入 …………………………………… 154
知识链接 …………………………………… 154
任务实施 …………………………………… 159
课后练习 …………………………………… 159
任务小结 …………………………………… 159

任务十二　运用G75代码编程车削宽沟槽、多排等距沟槽
………………………………………………… 160
任务目标 …………………………………… 160
任务引入 …………………………………… 160

知识链接 …………………… 160
　　任务实施 …………………… 164
　　课后练习 …………………… 164
　　任务小结 …………………… 165

任务十三　运用 G76 代码编程车削螺纹
………………………………………… 165
　　任务目标 …………………… 165
　　任务引入 …………………… 165
　　知识链接 …………………… 165
　　任务实施 …………………… 169
　　课后练习 …………………… 169
　　任务小结 …………………… 170

任务十四　掌握刀尖圆弧半径补偿代码的应用
………………………………………… 170
　　任务目标 …………………… 170
　　任务引入 …………………… 170
　　知识链接 …………………… 171
　　任务实施 …………………… 176
　　课后练习 …………………… 176
　　任务小结 …………………… 176

第三篇　宏程序基础篇 ……… 177

任务一　认识数控车 B 类宏程序的入门语法
………………………………………… 177
　　任务目标 …………………… 177
　　任务引入 …………………… 177
　　知识链接 …………………… 177
　　任务实施 …………………… 183
　　课后练习 …………………… 183
　　任务小结 …………………… 183

任务二　编写车削单个外圆的宏程序 ……
………………………………………… 183

　　任务目标 …………………… 183
　　任务引入 …………………… 183
　　知识链接 …………………… 184
　　任务实施 …………………… 186
　　课后练习 …………………… 186
　　任务小结 …………………… 186

任务三　编写车削单个外沟槽的宏程序 …
………………………………………… 187
　　任务目标 …………………… 187
　　任务引入 …………………… 187
　　知识链接 …………………… 187
　　任务实施 …………………… 188
　　课后练习 …………………… 189
　　任务小结 …………………… 189

任务四　编写车削端面的宏程序 …… 189
　　任务目标 …………………… 189
　　任务引入 …………………… 189
　　知识链接 …………………… 190
　　任务实施 …………………… 191
　　课后练习 …………………… 191
　　任务小结 …………………… 191

任务五　编写钻孔的宏程序 ………… 192
　　任务目标 …………………… 192
　　任务引入 …………………… 192
　　知识链接 …………………… 192
　　任务实施 …………………… 193
　　课后练习 …………………… 194
　　任务小结 …………………… 194

任务六　编写车削凸圆弧的宏程序 … 194
　　任务目标 …………………… 194
　　任务引入 …………………… 194
　　知识链接 …………………… 195
　　任务实施 …………………… 197
　　课后练习 …………………… 198

任务小结 …………………………… 198
任务七　编写车削外圆锥的宏程序 … 199
　　任务目标 …………………………… 199
　　任务引入 …………………………… 199
　　知识链接 …………………………… 199
　　任务实施 …………………………… 201
　　课后练习 …………………………… 201
　　任务小结 …………………………… 201
任务八　编写车削外矩形螺纹的宏程序 …
　　 ……………………………………… 202
　　任务目标 …………………………… 202
　　任务引入 …………………………… 202
　　知识链接 …………………………… 203
　　任务实施 …………………………… 203
　　课后练习 …………………………… 204
　　任务小结 …………………………… 204
任务九　编写精车公式曲线的宏程序 …
　　 ……………………………………… 204
　　任务目标 …………………………… 204
　　任务引入 …………………………… 204

　　任务实施 …………………………… 207
　　课后练习 …………………………… 207
　　任务小结 …………………………… 208
任务十　运用椭圆插补代码编程 …… 208
　　任务目标 …………………………… 208
　　任务引入 …………………………… 208
　　任务实施 …………………………… 211
　　课后练习 …………………………… 211
　　任务小结 …………………………… 212
任务十一　运用抛物线插补代码编程 …
　　 ……………………………………… 212
　　任务目标 …………………………… 212
　　任务引入 …………………………… 212
　　任务实施 …………………………… 214
　　课后练习 …………………………… 215
　　任务小结 …………………………… 215

→ **第四篇　技能训练篇** …………… 216

参考文献 ………………………………… 228

第一篇 加工基础篇

概述：本篇为加工基础篇，主要内容涉及车削加工、车刀、数控车床、数控系统常用的功能、常用的基本 G 代码、安全操作规程、试切法对刀，以及数控车削工件的编程案例。扎实学好本篇的内容，可以完成企业里很多工件的数控车削加工。

任务一 认识车削加工

任务目标

（1）认识常见车床的外形、特征及用途。
（2）了解车削加工的含义、车削运动的内容。
（3）掌握车削三要素的具体内容。
（4）了解车削加工主要适用的加工范围。

任务引入

"车削"对于很多同学来说可能是陌生词。什么是车削，车削能加工什么样的工件等问题常常困扰着同学们。本任务就是让同学们认识车削加工，解答同学们心中的这些疑问。如果在学习过程中对知识点理解困难，可以类比削铅笔用的旋转式的削铅笔机。

知识链接

一、常见的车床及其主要特征和用途

1. 卧式车床

卧式车床外形如图 1-1 所示。

（1）主要特征：卧式车床主轴水平布置；加工对象广；主轴转速和进给量的调整范围大；主要由工人手工操作，生产效率不高。

（2）主要用途：用于加工各种轴、套和盘类零件上的回转表面。此外，还可以车削端面、沟槽、切断及车削各种回转的成形表面（如螺纹）等，适用于单件、批量生产和修配车间。

2. 立式车床

立式车床外形如图 1-2 所示。

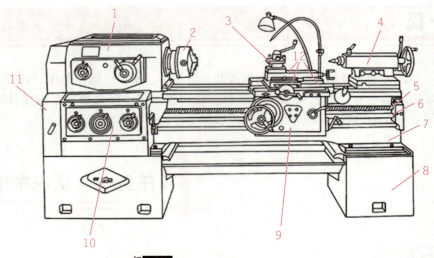

图1-1 卧式车床外形

1—主轴箱；2—卡盘；3—刀架；4—尾座；5—丝杠；6—光杠；7—床身；
8—床腿；9—溜板箱；10—进给箱；11—挂轮箱；12—滑板

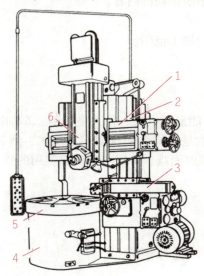

图1-2 立式车床外形

1—横梁；2—立柱；3—侧刀架；4—床身；5—工作台；6—垂直刀架

(1) 主要特征：主轴竖直安置，工作台面处于水平位置。工件装夹在水平的回转工作台上，刀架在横梁或立柱上移动。其类型分单柱和双柱两大类。

(2) 主要用途：用于加工径向尺寸大、轴向尺寸较小的大型、重型盘套类、壳体类工件。

3. 转塔车床和回轮车床

(1) 转塔车床。转塔车床外形如图1-3所示。

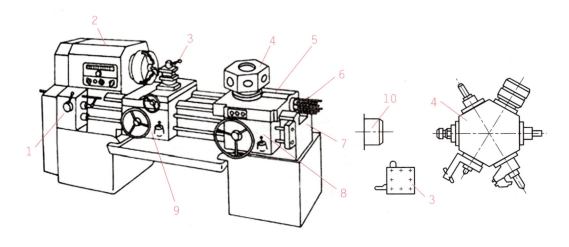

图1-3 转塔车床外形

1—进给箱；2—主轴箱；3—横刀架；4—转塔刀架；5—转塔刀架滑板；6—定程装置；
7—床身；8—转塔刀架溜板箱；9—横刀架溜板箱；10—工件

主要特征：具有回转轴线与主轴轴线垂直的转塔刀架，转塔刀架能安装多把刀具。

（2）回轮车床。回轮车床外形如图1-4所示。

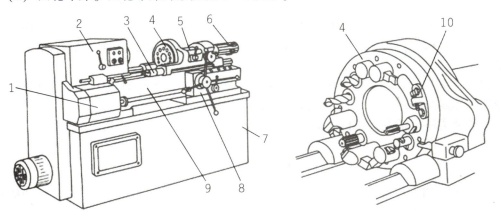

图1-4 回轮车床外形

1—进给箱；2—主轴箱；3,6—纵向定程机构；4—回轮刀架；5—纵向滑板；
7—底座；8—滑板箱；9—床身；10—横向定程机构

主要特征：具有回转轴线与主轴轴线平行的回轮刀架，回轮刀架能安装很多把刀具。当刀具孔转到最高位置时，其轴线与主轴轴线在同一直线上。

回轮车床没有横刀架。刀架的工作行程由可调整行程挡块控制。

（3）转塔车床和回轮车床的加工特点及用途。

① 加工特点：各刀具都按加工顺序预先调好，切削一次后，刀架退回并转位，再用转塔刀架上或回轮刀架上的另一把刀进行切削，故能在工件的一次装夹中完成较复杂型面的加工。

② 主要用途：主要适用棒料毛坯，成批加工外形较复杂、有同轴度要求的且具有内

孔、螺纹的中小型轴、套类零件。

4. 数控车床

数控车床外形如图1-5所示。

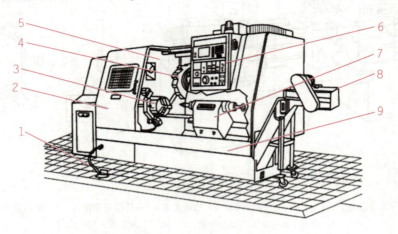

图1-5 数控车床外形

1—脚踏开关；2—防护门；3—卡盘；4—旋转刀架；5—主轴；
6—数控操作面板；7—尾座；8—排屑器；9—床身

（1）主要特征：具有实现自动控制的数控系统；适应性强，加工对象改变时只需改变输入的程序指令；易于实现计算机辅助制造，可精确加工复杂的回转成形面，且质量高而稳定。

（2）主要用途：与普通车床大体一样，主要用于加工各种回转表面，特别适宜加工特殊螺纹和复杂的回转成形面。其目前在中小批生产中应用广泛。

车床种类还有很多，如自动车床、半自动车床、仿形车床、专门化车床等。

二、车削加工及车削运动

（1）车削加工：就是在车床上，利用工件的旋转运动和刀具的直线运动或曲线运动来改变毛坯的形状和尺寸，把它加工成符合图纸要求的工件。

（2）车削运动：主运动——工件旋转；进给运动——刀具移动。

三、车削三要素

车削用量是用来衡量车削运动大小的参量。常用的三要素为：切削速度、进给量、背吃刀量，如图1-6所示。

1. 切削速度（v_c）

（1）定义：切削过程中，刀具切削刃上的某一点相对于待加工表面，在主运动方向上的瞬时速度。

（2）计算公式：

$$v_c = \frac{\pi D n}{1\,000}(\text{m/min})$$

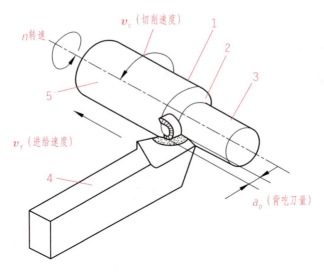

图 1-6 车削用量参数
1—待加工表面；2—加工表面；3—已加工表面；4—刀具；5—工件

式中　D——待加工表面直径，mm；
　　　n——工件转速，r/min；
　　　1 000——毫米（mm）换算成米（m）。

切削速度是以主轴的转速来调整的，因此，选择好合适的切削速度后，根据切削速度来计算车床转速。

【例题】在数控车床上，工人以 100 m/min 的切削速度，将 ϕ35 mm 的 45 钢毛坯车削至 ϕ32 mm。试问：主轴转速应调整到多少？

解：$n = \dfrac{1\,000 v_c}{\pi D} \approx \dfrac{1\,000 \times 100}{3.14 \times 35} \approx 910 (\text{r/min})$

2. 进给量（f）

刀具在进给运动方向上相对工件的位移量。

（1）每转进给量（f）。车外圆时，进给量是指工件每转一转，刀具切削刃相对于工件在进给方向上的位移量，单位是 mm/r。

（2）进给速度（v_f）。单位时间内，车刀相对于工件的移动速度，常用每分钟进给量表示（mm/min）。

（3）两者之间的关系为

$$v_f = f \cdot n \quad (\text{mm/min})$$

3. 背吃刀量（a_p）

背吃刀量 a_p 是垂直于进给速度方向的切削层最大尺寸，即主刀刃与工件切削表面接触长度在主运动方向和进给运动方向所组成平面的法线方向上测量的值，如图 1-7 所示。

对于圆柱体工件的切削加工，背吃刀量指的是已加工表面和待加工表面的直径差的 1/2，即单边切削深度。

切槽或切断时，背吃刀量为刀头主切削刃的宽度。车端面时，背吃刀量为凸台的

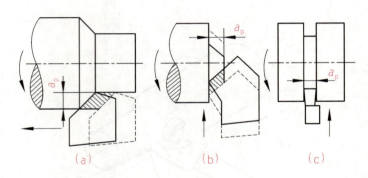

图 1-7 背吃刀量

(a) 车外圆的背吃刀量；(b) 车端面的背吃刀量；(c) 切槽的背吃刀量

高度。

四、车削的主要加工范围

采用车削加工的零件类型有很多，比如：轴类零件、套类零件、盘类零件等，主要为含有回转面的零件，如图 1-8 所示。

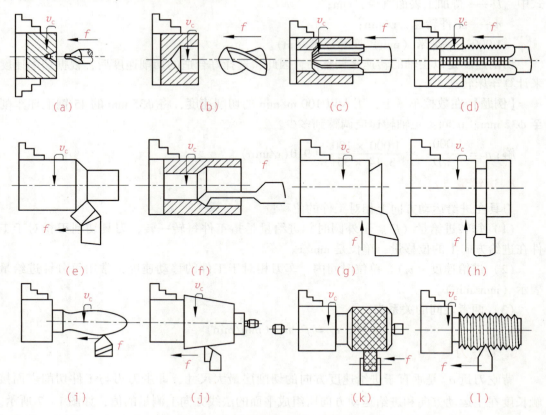

图 1-8 车削的主要加工范围

(a) 钻中心孔；(b) 钻孔；(c) 铰孔；(d) 攻螺纹；(e) 车外圆；(f) 镗孔；(g) 车端面；(h) 车槽；(i) 车成形面；(j) 车圆锥面；(k) 滚花；(l) 车螺纹

在车床上还可以缠绕弹簧、用板牙套螺纹、车蜗杆、车圆球、车公式曲面等。

任务实施

在实训基地的车工室，观察车床外形、车削运动及车削产品等。

课后练习

1. 卧式车床的主轴是怎样布置的？主要用于加工什么样的工件？
2. 立式车床的主轴是怎样布置的？主要用于加工什么样的工件？
3. 转塔车床和回轮车床共同的加工特点是什么？
4. 数控车床在加工方面有哪些主要特点？
5. 什么是车削加工？车削运动有哪些？
6. 如何理解切削速度的定义和公式？
7. 如何理解每转进给量和每分钟进给量？
8. 如何理解不同加工内容下，背吃刀量的定义？
9. 车削的主要加工范围有哪些？

任务小结

本任务主要涉及常见车床的外形、主要特征及用途，车削加工的定义，车削运动，车削三要素，以及车削的主要加工范围。同学们在认识和理解的过程中，要善于抓住重要的专业词汇，并结合在实训基地的车工室的参观内容，强化认识。

任务二　认识车刀

任务目标

（1）认识常见车刀的外形及用途。
（2）了解可转位车刀中刀片的固定方式。
（3）熟记车刀安装的注意事项。
（4）认识常用的车刀材料。

任务引入

常言道："车工一把刀"。车刀对于车削加工来说很重要。刃磨出或选择一把合适的车刀，可简化工件的加工工艺、提高工件的加工效率、保证工件的加工精度。本任务主要从车刀的外形、用途、安装和材料等方面，让同学们认识车刀。同学们在刃磨车刀的实训课中，认识车刀角度，理解车刀角度的选择，刃磨出合适的车刀角度。

知识链接

一、常用车刀的形状和用途

常用车刀的形状和用途如图 1-9 所示。

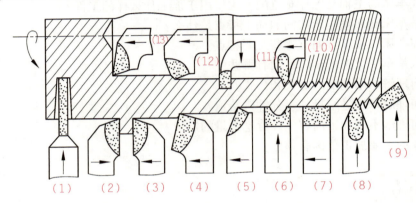

图 1-9　常用车刀的形状和用途

（1）外沟槽车刀。主要用于车削外沟槽、切断。

（2）左偏刀（主偏角 90°）。主要用于从左至右车削外圆。

（3）右偏刀（主偏角 90°）。主要用于从右至左车削外圆。

（4）弯头外圆车刀。主要用于车削外圆，也可车削端面。

（5）直头外圆车刀。主要用于车削外圆。

（6）成形车刀。主要用于车削成形面。

（7）宽刃精车刀。主要用于精车（精修）工件表面。

（8）外螺纹车刀。主要用于车削外螺纹。

（9）端面车刀。主要用于车削端面，也可车削外圆、倒角。

（10）内螺纹车刀。主要用于车削内螺纹。

（11）内沟槽车刀。主要用于车削内沟槽。

（12）通孔车刀。主要用于车削通孔。

（13）盲孔车刀。主要用于车削不通孔、车阶梯孔。

根据不同加工内容的需要，车刀的形状和用途还有很多，同学们可以到机械制造的企业里去开阔视野。

二、常见的可转位车刀

为了减少换刀时间和方便对刀，便于实现机械加工的标准化，数控车削加工时，应尽量采用机夹可转位式车刀。可转位车刀是将能转位使用的多边形刀片用机械方法夹固在刀杆或刀体上的刀具。

在切削加工中,当一个刃尖磨钝后,将刀片转位后使用另外的刃尖,这种刀片用钝后不再重磨。

1. 常见刀片

刀片的常见形式如图 1-10 所示。

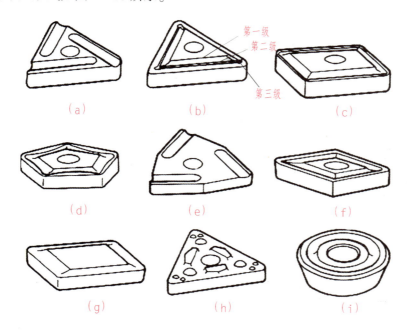

图 1-10 刀片的常见形式

(a) 三边形通穿槽刀片;(b) 三边形三级封闭槽刀片;(c) 四边形封闭槽刀片;(d) 五边形凹弧形槽刀片;(e) 凸三边形刀片;(f) 菱形刀片;(g) 不带孔的四边形刀片;(h) 三边形点式断屑台刀片;(i) 圆形刀片

2. 常见刀片的夹固方式

(1) 压板式。压板式可转位车刀如图 1-11 所示。

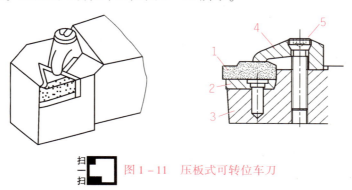

图 1-11 压板式可转位车刀

1—刀片;2—刀垫;3—刀杆;4—压板;5—压紧螺钉

这种方式依靠压紧螺钉旋紧压住压板,由压板的力压紧刀片达到夹固的目的。

(2) 杠杆式。杠杆式可转位车刀如图 1-12 所示。

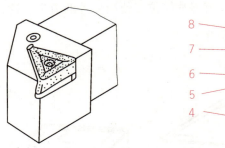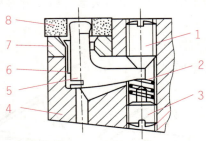

图 1-12　杠杆式可转位车刀

1—压紧螺钉；2、6—弹簧；3—调节螺钉；4—刀杆；
5—杠杆；7—刀垫；8—刀片

当旋动压紧螺钉时,通过杠杆产生夹紧力,从而将刀片定位在刀槽侧面上。旋出压紧螺钉时,刀片松开,半圆筒形弹簧片可保持刀垫位置不动。

(3) 偏心式。偏心式可转位车刀如图 1-13 所示。

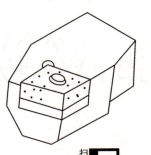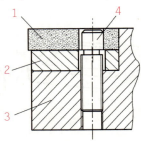

图 1-13　偏心式可转位车刀

1—刀片；2—刀垫；3—刀杆；4—偏心销

这种方式是利用螺钉上端的一个偏心销将刀片夹紧在刀杆上。该结构依靠偏心夹紧,螺钉自锁。

(4) 楔块式。楔块式可转位车刀如图 1-14 所示。

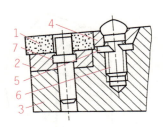

图 1-14　楔块式可转位车刀

1—刀片；2—刀垫；3—刀体；4—楔块；5—套圈；6—压紧螺钉；7—圆柱销

刀片内孔定位在刀片槽的圆柱销上，带有斜面的压块由压紧螺钉下压时，楔块一面靠紧刀杆上的凸台，另一面将刀片推向刀片中间孔的圆柱销上压紧刀片。

（5）压孔式。压孔式可转位车刀如图1-15所示。

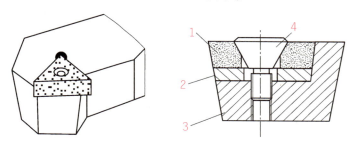

图1-15　压孔式可转位车刀

1—刀片；2—刀垫；3—刀杆；4—锥头螺钉

这种方式是用紧固锥头螺钉的方式将刀片压紧。

三、车刀安装

车削外圆、车削台阶圆、车削端面、车削内孔时，各种类型车刀的安装与要求相同。车刀安装得是否正确，将直接影响切削能否顺利进行和工件的加工质量。

1. 车刀安装的注意事项

（1）车刀刀尖对准工件中心，以保护刀尖，保证车刀前角和后角不变，进而保证车削精度。

（2）车刀刀杆应该与进给方向垂直，以保证主偏角和副偏角不变。

（3）为避免加工中产生振动，要求车刀刀杆伸出长度应该尽量短，一般不超过刀杆厚度的1~1.5倍；内孔车削加工的刀杆伸出的长度以被加工孔的长度为准，且大于被加工孔的长度。

（4）至少要用刀架上的两个螺钉压紧车刀，并且要轮流拧紧螺钉。

2. 车刀刀尖对准工件中心的方法

常用垫片来使车刀刀尖对准工件中心。垫片一般用15~20 mm的钢片。垫片要垫实。垫片的数量应该尽量少。

垫片正确的垫法：在刀头一端，将垫片与四方刀架垂直于刀杆的边对齐。当车刀压紧后，试车削端面，观察车刀刀尖是否对准中心。若未对准，重新调整垫片并进行试车削，直到车刀刀尖对准工件中心。

四、车刀的常用材料

1. 高速钢

高速钢是含钨（W）、铬（Cr）、钒（V）等合金元素较多的合金工具钢。

特点：高速钢的强度与韧性较好，能承受冲击，又易于刃磨，工艺性较好，而且价格也比硬质合金低；但是它的耐热性、硬度和耐磨性却低于硬质合金。高速钢刀具受耐热温度的限制，不能用于高速切削。

国内常用的普通高速钢有：钨系高速钢——W18Cr4V（18-4-1），高温切削性能较好。钨钼系高速钢——W6Mo5Cr4V2（6-5-4-2），抗弯强度、抗冲击韧度较高。

2. 硬质合金

硬质合金是由高硬度、高熔点的碳化钨（WC）、碳化钛（TiC）、碳化钽（TaC）、碳化铌（NbC）粉末用钴（Co）黏结后压制、烧结而成。

特点：硬质合金刀具比高速钢刀具硬度高、耐磨、耐热性好，允许的切削速度比高速钢刀具高4~7倍，但硬质合金性脆，怕冲击和振动。

钨钴类硬质合金（YG）：可以切削铸铁、有色金属、塑料、化纤、石墨、玻璃、石材等。

钨钛钴类硬质合金（YT）：主要用于切削钢材。

钨钛钽（铌）钴类硬质合金（YW）：既能切削钢材，也能切削铸铁，更适于切削耐热钢、不锈钢、高锰钢等难加工材料。

碳化钛基类硬质合金（YN）：能精车削和半精车削各种钢材，包括淬火钢、不锈钢、工具钢等。用于加工尺寸较大的工件和表面粗糙度要求较高的零件，其效果尤为显著。

3. 特殊刀具材料

特殊刀具材料主要有陶瓷、人造金刚石、立方氮化硼等。

4. 涂层刀具

涂层刀具是在韧性较好的硬质合金基体上或高速钢刀具基体上，经真空溅射等方式涂覆一层耐磨性较高的难熔金属化合物而制成。涂层厚度一般为5~10 μm。

涂层法制造的可转位刀片，耐用度可提高数倍，切削速度可提高约30%，这种刀片一般用于切削钢材。某些新型涂层刀片，还能切削难加工材料。

对于受摩擦剧烈的刀具宜采用TiC（碳化钛）涂层；而在容易产生黏结的情况下，宜采用TiN（氮化钛）涂层刀具。

任务实施

在实训基地的数控车工室，观察车刀外形以及可转位车刀的刀片的夹固方式，了解车刀用途、材料及安装车刀的方法等。

课后练习

1. 常用车刀的形状和用途有哪些？
2. 常见的可转位车刀的刀片的夹固方式有哪些？
3. 安装车刀的注意事项有哪些？
4. 高速钢车刀有哪些主要特点？

5. 硬质合金刀具有哪些主要特点？
6. 硬质合金刀具有哪些主要类型，各用于什么场合？
7. 特殊刀具材料主要有哪些？
8. 什么是涂层刀具？刀具涂层有什么作用？

任务小结

本任务主要涉及常见车刀的外形、安装、用途和材料，以及可转位车刀的刀片的夹固方式。同学们在认识和理解车刀的过程中，要善于抓住重要的环节。比如：车刀，就要从车刀的形状、角度、材料、用途、安装等环节去理解、去思考；并结合在实训基地车工室的参观内容，强化认识。这样，理解起来更深刻。

任务三　认识数控车床

任务目标

1. 了解数控车床的基本工作过程。
2. 了解数控车床的主要组成部分。
3. 了解开环控制、半闭环控制、闭环控制的特点。
4. 能区分数控车床的车床参考点、车床原点、编程原点。

任务引入

数控车床的类型有很多，结构、系统也多种多样。本任务主要从数控车床的基本工作过程、主要组成部分、控制方式，以及机床参考点、机床原点、编程原点等宏观方面，让同学们认识数控车床。本任务比较抽象，请同学们特别注意任务中示意图的内容。

知识链接

数控车床可进行平面曲线的加工，可车削圆柱、圆锥螺纹，具有刀尖半径补偿、螺距误差补偿、固定循环、图形模拟显示等功能，适合于加工形状复杂的盘类、轴类、套类零件。

一、数控车床的基本工作过程

数控车床的基本工作过程如图 1-16 所示。

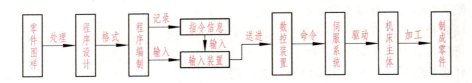

图 1-16　数控车床的基本工作过程

（1）操作人员根据图样要求确定工件加工的工艺过程、工艺参数和刀具位移数据等。

（2）按编程手册的有关规定编写工件加工程序。

（3）将加工工件的程序输入到计算机数控装置。

（4）在数控系统内部的控制软件支持下，经过处理与计算后，发出相应的运动指令。

（5）伺服系统接到执行信息指令后，立即驱动车床进给机构严格按指令的要求进行位移，以进行工件的自动切削加工。

二、数控车床的主要组成部分

数控车床构成如图 1-17 所示。

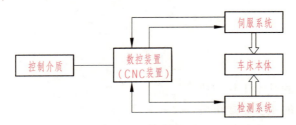

图 1-17　数控车床构成

1. 控制介质

控制介质是信息的载体，也称输入、输出设备。

（1）输入设备：主要功能是将工件的加工程序、车床参数、刀补值等数据输入车床计算机数控装置，包括键盘、通信接口等。

（2）输出设备：主要功能是将工件加工过程和车床运行状态等显示输出，以便于工作人员操作，包括显示器、各种信号指示灯等。

2. 数控装置（CNC 装置）

数控装置是数控车床的控制核心。数控系统框图如图 1-18 所示。

主要功能：接受输入设备输入的加工信息，完成数据的储存、计算、逻辑判断、输入输出控制等，并向车床的各驱动机构发出运动指令，指挥车床各部件协调、准确地执行工件加工程序。

3. 伺服系统

伺服系统是数控车床的电气驱动部分，它接收计算机数控装置发来的各种动作指令，并精确地驱动车床进给轴或主轴运动。其性能是影响数控车床加工精度和生产效率的主要

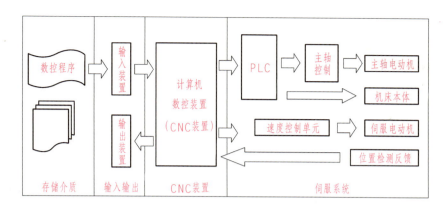

图 1-18 数控系统框图

因素之一。

4. 车床本体

车床本体是用来完成各种切削加工的机械部分。其机械结构，除了主运动系统、进给系统及辅助部分（如液压、气动、冷却、润滑等部分），还有特殊部件，如刀库、自动换刀装置等。

5. 检测系统

检测系统主要对车床转速及进给实际位置进行检测，并反馈回计算机数控装置，进行补偿处理。

运动部分通过传感器将角位移或直线位移转换成电信号，输送给计算机数控装置，与给定的位置进行比较；并由计算机数控装置通过计算，继续向伺服机构发出运动指令，对产生的误差进行补偿，使车床工作台精确地移动到要求的位置。

三、数控车床按控制方式不同的分类

1. 开环控制数控系统

开环控制是指不带位置反馈装置的控制方式。开环控制数控系统一般用功率型步进电动机作为伺服驱动单元。开环控制数控系统如图 1-19 所示。

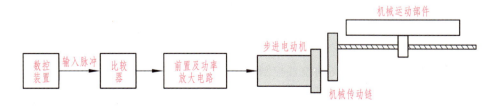

图 1-19 开环控制数控系统

开环控制数控系统具有工作稳定、反应迅速、调试方便、维修简单、价格低廉等优点。因为无位置反馈、加工精度不高，所以在精度和速度要求不高、驱动力矩不大的场合

得到广泛应用。其一般适用于经济型数控车床和旧车床的数控化改造。

2. 半闭环控制数控系统

半闭环控制数控系统的位置检测装置安装在电动机或丝杠轴端,通过角位移的测量间接得出车床工作台的实际位置,并与计算机数控装置的指令值进行比较,用差值进行控制。这类系统以交、直流伺服电动机作为驱动单元,精度比开环高。半闭环控制数控系统如图 1-20 所示。

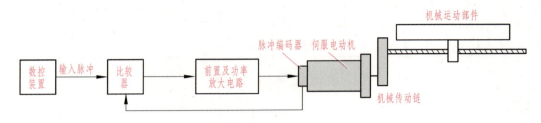

图 1-20 半闭环控制数控系统

半闭环控制数控系统的调试十分方便,并具有良好的系统稳定性,结构紧凑。运动部件的机械传动链不包括在闭环之内,机械传动的误差无法得到校正和消除;目前广泛采用的滚珠丝杠机构具有很好的精度和精度保证性,而且采取了可靠的消除反向运动间隙的结构,完全可以满足绝大多数用户的需求。半闭环控制数控系统正成为首选的控制方式而得到广泛使用。

3. 闭环控制数控系统

闭环控制数控系统的位置检测装置安装在车床工作台上,将工作台的实际位置检测出来,并与 CNC 装置的指令进行比较,用差值进行控制。这类系统可矫正全部传动环节造成的误差,精度高。系统以交、直流伺服电动机作为驱动元件,其精度取决于检测装置的精度。闭环控制数控系统如图 1-21 所示。

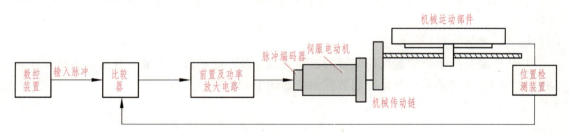

图 1-21 闭环控制数控系统

闭环控制数控系统具有很高的位置控制精度,价格昂贵;对车床结构及传动链仍有严格要求,否则易造成系统不稳定以及调试困难;主要用于高精度的车床。

四、数控车床的机床原点、机床参考点和编程原点

在数控车床上,为了确定车床上的运动,必须先确定车床上运动的位置和方向,这就需要通过坐标系来实现。普通数控车床有 X 轴和 Z 轴两个坐标轴,机床原点、机床参考

点、编程原点如图 1-22 所示。

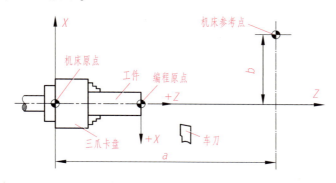

图 1-22 机床原点、机床参考点、编程原点

1. 机床原点

机床原点是指机床坐标系的原点，是机床制造厂在机床上设置的一个固定点。它在机床的装配、调试时就已确定下来。

机床原点作用是使机床与控制系统同步，建立测量机床运动坐标的起始点，即数控机床进行加工运动的基准点。

通常数控车床的机床原点设在卡盘端面与主轴中心线交点处。

2. 机床参考点

机床参考点的位置是由机床制造厂家在每个进给轴上用限位开关精确调整好的，一般设定在每个进给轴正向最大位置处，坐标值已输入数控系统中。因此参考点对机床原点的坐标是一个已知数，即图 1-22 中 a、b 是已知值。

机床参考点是用于机床运动进行检测和控制的固定位置点。在数控车床上，机床参考点是离机床原点最远的极限点。

数控车床的回参考点功能的"参考点"就是该点。数控车床开机通电后，必须首先执行刀具"回参考点"操作，从而确定机床原点。只有在机床原点被确定后，刀具（或工作台）的移动才有基准。

当进行回参考点的操作时，装在纵向和横向拖板上的行程开关碰到挡块后，向数控系统发出信号，由系统控制拖板停止运动，完成回参考点的操作。

如果机床上没有安装零点开关，请不要进行机床回零操作，否则可能导致运动超出行程限制、机械损坏。

3. 编程原点

编程原点是编程人员根据加工零件图样及加工工艺要求选定的编程的原点。设定的依据是：既要符合图样尺寸的标注习惯，又要便于编程。

数控车床的编程原点一般选择在工件旋转中心与工件的右端面的交点上，或者工件旋转中心与工件的左端面的交点上，或者工件旋转中心与卡爪的前端面的交点上。

如果以编程原点为坐标原点，建立一个 Z 轴与 X 轴的直角坐标系，则此坐标系就称为工件坐标系。

Z 轴与车床主轴轴线重合。在 Z 轴方向，刀具远离工件的方向为 Z 轴正方向。

X 轴与车床主轴轴线垂直，且平行于横向滑板。在 X 轴方向，刀具远离工件旋转中心的方向为 X 轴正方向。

任务实施

在实训基地的数控车工室，观察数控车床外形、主要组成部分的位置及运动方向与工件坐标的关系等。

课后练习

1. 数控车床的基本工作过程是怎样的？
2. 数控车床的主要组成部分有哪些？
3. 控制介质的主要功能是什么？数控装置的主要功能是什么？
4. 伺服系统的主要功能是什么？车床本体的功能是什么？
5. 检测系统的功能是什么？
6. 开环控制数控系统有什么特点，主要用于什么场合？
7. 半闭环控制数控系统有什么特点，主要用于什么场合？
8. 闭环控制数控系统有什么特点，主要用于什么场合？
9. 什么是数控车床的机床参考点？什么是数控车床的机床原点？什么是编程原点？

任务小结

本任务主要涉及数控车床的基本工作过程、主要组成部分、控制方式，以及机床参考点、机床原点、编程原点等内容。同学们在认识和理解的过程中，要注意任务中的示意图，将文字和示意图结合起来，强化认识。这样，理解起来更容易。

任务四　了解数控系统常用的功能

任务目标

（1）了解数控加工的内容和特点。
（2）了解数控编程的方式和步骤。
（3）认识数控加工程序段的基本格式和数控系统常用功能。
（4）熟记常用的 M 代码。

任务引入

数控车床的系统有很多，比如：北京凯恩帝数控系统、华中数控系统、广州数控系统、日本发那科数控系统、德国西门子数控系统等。但是，很多系统之间都有共同的或类似的功能。广州数控系统因经济、实用，在很多企业都有广泛的运用。本任务就以GSK980TDb系统为例，让同学们认识数控系统的常用功能。本任务比较抽象，重点内容需要同学们加强记忆。

知识链接

一、数控加工及其内容、特点

1. 数控加工

在数控车床上进行自动加工零件的一种工艺方法即数控加工。

实质：数控车床按照事先编制好的加工程序，通过数字控制过程自动地对零件进行加工。

2. 数控加工的内容

分析图样→工件的定位与装夹→刀具的选择与安装→编制数控加工程序→试切削或试运行→数控加工→工件的验收→质量误差分析等。

3. 数控加工的特点

（1）优点：零件加工精度高、产品质量一致性好；生产效率高；加工范围广；有利于实现计算机辅助制造。

（2）缺点：初始投资大，加工成本高；首件加工编程、调试程序和试加工时间长。

二、数控编程的方式和步骤

1. 数控编程的方式

（1）手工编程。编制加工程序的全过程都是手工完成的。其适合批量较大、形状简单、计算方便、轮廓由直线或圆弧组成的零件的加工。

（2）自动编程。计算机编制数控加工程序的过程，适合形状复杂的零件的加工程序编制。

2. 数控编程的步骤

数控编程的步骤如图1-23所示。

在进行数控编程时，不管哪种系统，为保证程序的准确性，最好不要省略小数点的输入。

三、数控加工程序段的基本格式和数控系统的常用功能

1. 程序段的基本格式

程序段的基本格式如图1-24所示。

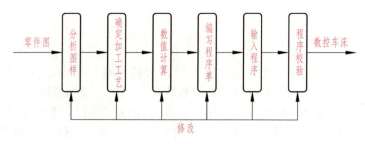

图 1-23　数控编程的步骤

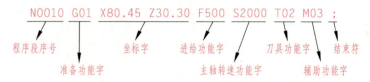

图 1-24　程序段的基本格式

2. 数控系统的常用功能

（1）准备功能（G 代码）。数控车床完成某些准备动作的代码。它由地址符 G 和后面两位数字组成，从 G00～G99 共 100 种。GSK980TDb 系统的 G 代码如表 1-1 所示。

表 1-1　GSK980TDb 系统的 G 代码

代码	功能	代码	功能
G00	快速定位	G18	平面选择代码
G01	直线插补	G19	平面选择代码
G02	顺时针圆弧插补	G20	英制单位选择
G03	逆时针圆弧插补	G21	公制单位选择
G04	暂停、准停	G28	自动返回机床零点
G05	三点圆弧插补	G30	回机床第 2、3、4 参考点
G6.2	顺时针椭圆插补	G31	跳跃机能
G6.3	逆时针椭圆插补	G32	等螺距螺纹切削
G7.1	圆柱插补	G32.1	刚性螺纹切削
G7.2	顺时针抛物线插补	G33	Z 轴攻丝循环
G7.3	逆时针抛物线插补	G34	变螺距螺纹切削
G10	数据输入方式有效	G36	自动刀具补偿测量 X
G11	取消数据输入方式	G37	自动刀具补偿测量 Z
G12.1	极坐标插补	G40	取消刀尖半径补偿
G15	极坐标指令取消	G41	刀尖半径左补偿
G16	极坐标指令	G42	刀尖半径右补偿
G17	平面选择代码	G50	设置工件坐标系

续表

代码	功能	代码	功能
G65	宏代码非模态调用	G80	刚性攻丝状态取消
G66	宏程序模态调用	G84	轴向刚性攻丝
G67	取消宏程序模态调用	G88	径向刚性攻丝
G70	精加工循环	G90	轴向切削循环
G71	轴向粗车循环（支持凹槽）	G92	螺纹切削循环
G72	径向粗车循环	G94	径向切削循环
G73	封闭切削循环	G96	恒线速控制
G74	轴向切槽循环	G97	取消恒线速控制
G75	径向切槽循环	G98	每分钟进给量
G76	多重螺纹切削循环	G99	每转进给量

（2）辅助功能（M代码）。控制机床或系统的各种辅助动作。它由地址符M和后面两位数字组成，从M00~M99共100种。GSK980TDb系统的常用M代码如表1-2所示。

表1-2　GSK980TDb系统的常用M代码

代码	功能	代码	功能
M00	程序暂停	M08	冷却泵开
M01	程序选择停止	M09	冷却泵关
M02	程序运行结束	M30	程序运行结束
M03	主轴逆时针转（主轴正转）	M98	子程序调用
M04	主轴顺时针转（主轴反转）	M99	从子程序返回
M05	主轴停转		

（3）坐标功能。用来设定机床各坐标轴的位移量。它一般使用X、Z等地址为首，在地址符后紧跟"+"或"-"号和一串数字，分别用于指定直线坐标、角度坐标及圆心坐标尺寸，比如：X100.0 Z80.0等。

（4）刀具功能（T功能）。系统进行选刀或换刀的功能代码。它由地址符T和一组数字表示。

T四位数法：四位数的前两位数指定刀具，后两位数指定刀具补偿存储号。比如：T0102中01为目标刀具号，02为刀具补偿存储号。

（5）进给功能。用来指定刀具相对于工件运动速度的功能。它由地址符F和后面的数字组成。根据需要进给功能分为每转进给量和每分钟进给量两种。

① 每转进给量。

单位：毫米/转（mm/r），通过准备功能字G99来指定。

如：G99 F0.1（进给速度为0.1 mm/r）。

② 每分钟进给量。

单位：毫米/分钟（mm/min），通过准备功能字G98来指定。

如：G98 F100（进给速度为 100 mm/min）。

每分钟进给量 = 每转进给量 × 转速

在编程时，进给速度不允许用负值来表示。除螺纹加工外，进给速度可通过进给倍率旋钮来进行实时修正，其调整范围一般为 50%～120%。

（6）主轴功能（S 功能）。用以控制主轴转速的功能。它由地址符 S 和后面的一组数字组成。

主轴的转速分为转速 n 和恒线速度 v 两种。

① 转速 n。

转速单位：转/分钟（r/min），用 G97 指定。

如：G97 S800（主轴正转，转速为 800 r/min）。

代码 G97——取消恒线速度控制、恒转速控制有效。

② 恒线速度 v。在加工某些非圆柱体表面时，为了保证工件的表面质量，主轴需要满足其线速度恒定不变的要求，而自动实时调整转速，这种功能称为恒线速度。

恒线速度单位：米/分钟（m/min），用 G96 指定。

如：G96 S100（主轴恒线速度为 100 m/min）。

在车削较大端面时，常遇到靠近端面中心处的表面质量较外缘处的表面质量差，此时可尝试运用恒线速度指令（G96 指令），改善靠近端面中心处的表面质量。

四、常用的 M 代码及其功能

1. 程序暂停（M00）

执行 M00 代码后，机床所有动作均停止，以便于进行手动操作，如检测精度等。重新按"循环启动"按钮后，继续执行 M00 代码后的程序。

2. 程序选择停止（M01）

M01 的执行过程和 M00 相似，不同的是只有按下机床控制面板上的"选择停止"开关后，该代码才有效，否则机床继续执行后面的程序。该代码常用于检查工件的某些关键尺寸。

3. 程序结束（M02）

在自动方式下，执行 M02 代码时，当前程序段的其他代码执行完成后，自动运行结束，机床 CRT 显示屏上的执行光标停留在 M02 代码所在的程序段，不返回程序开头。若要再次执行程序，必须让光标返回程序开头。

4. 程序结束（M30）

M30 代码的执行过程和 M02 相似。

在自动方式下，执行 M30 代码时，当前程序段的其他代码执行完成后，自动运行结束，加工件数加 1，取消刀尖半径补偿，随即关闭主轴、切削液等所有机床动作，机床显示屏上的执行光标返回程序开头，为加工下一个工件做好准备。

5. 主轴功能（M03/M04/M05）

M03 代码用于主轴逆时针方向旋转（俗称正转），M04 代码用于主轴顺时针方向旋转

（俗称反转），主轴停转用 M05 代码表示。

6. 切削液开、关（M08/M09）

M08：切削液泵开；M09：切削液泵关。

7. 子程序调用（M98）

在自动方式下，执行 M98 代码时，当前程序段的其他代码执行完成后，计算机数控系统去调用执行 P 指定的子程序，子程序最多可执行 9 999 次。M98 代码在 MDI（手动数据输入）下运行无效。

8. 从子程序返回（M99）

调用子程序结束后，返回其主程序时，用 M99 代码。M99 代码在 MDI 下运行无效。

任务实施

理解、记忆数控系统的常用功能，熟记常用的 M 代码等。

课后练习

1. 什么是数控加工？数控加工的内容有哪些？
2. 数控加工有什么特点？
3. 数控编程有哪些方式？数控编程的步骤是怎样的？
4. 数控加工程序段的基本格式是怎样的？
5. 数控系统常用功能有哪些？
6. G96、G97、G98、G99 代码分别用来指定什么？T0102 表示什么含义？
7. 常用的 M 代码有哪些？各有哪些功能？

任务小结

本任务主要涉及 GSK980TDb 系统的常用功能。同学们在认识和理解的过程中，要善于记住一些重要的代码及其功能。比如：T0102、G96、G97、G98、G99、M00、M03、M05、M08、M09、M30、M98、M99、X100.0 Z80.0 等。

任务五　掌握常用的基本 G 代码

任务目标

(1) 认识绝对坐标编程、相对坐标编程、混合坐标编程，了解单位选择代码。
(2) 掌握快速点定位代码（G00）的功能、格式并能运用 G00 代码编写程序段。
(3) 掌握直线插补代码（G01）的功能、格式并能运用 G01 代码编写程序段。
(4) 掌握顺时针圆弧插补代码（G02）的功能、格式并能运用 G02 代码编写程序段。
(5) 掌握逆时针圆弧插补代码（G03）的功能、格式并能运用 G03 代码编写程序段。
(6) 掌握暂停代码（G04）的功能和格式。
(7) 了解模态 G 代码、非模态 G 代码和初态。

任务引入

数控编程对很多初学的同学来说，感觉很高级；而数控编程中，完成准备动作的 G 代码运用最为广泛。数控车床中的快速定位、车削、暂停等都可通过基本 G 代码来实现。本任务就以常用的基本的 G 代码：G00、G01、G02、G03、G04 等，为同学们揭开数控车削编程的神秘面纱。

知识链接

一、绝对坐标编程、相对坐标编程、混合坐标编程

编写程序时，需要给定刀具轨迹终点或目标位置的坐标值，按编程坐标值类型可分为：绝对坐标编程、相对坐标编程、混合坐标编程三种编程方式。

1. 绝对坐标编程

使用 X、Z 轴的绝对坐标值（用 X、Z 表示）编程，称为绝对坐标编程。

绝对坐标：程序中坐标功能字后面的坐标以原点作为基准，表示刀具终点的绝对坐标。

2. 相对坐标编程

使用 X、Z 轴的相对位移量（用 U、W 表示）编程，称为相对坐标编程。

相对坐标：程序中坐标功能字后面的坐标是以刀具起点作为基准，表示刀具终点相对于刀具起点坐标值的增量。

3. 混合坐标编程

GSK980TDb 系统允许在同一程序段 X、Z 轴分别使用绝对坐标编程和相对坐标编程，称为混合坐标编程。

4. 编程案例

如图 1-25 所示，刀具从 A 点到 B 点，采用直线插补代码（G01 代码）移动，试编写其程序段。

（1）绝对坐标编程：G01 X40 Z10 F100；

注：地址符 X、Z 后面是 B 点（终点）的坐标值，是以原点作为基准的。

（2）相对坐标编程：G01 U30 W-30 F100；

注：地址符 X、Z 后面是 B 点相对于 A 点的坐标值，是以刀具起点作为基准的。程序段表示向 X 轴正方向移动的距离为 30，向 Z 轴负方向移动的距离为 30。

（3）混合坐标编程：G01 X40 W-30 F100；或 G01 U30 Z10 F100；

三种编程方式，在程序中可根据需要随时进行变换。

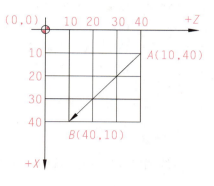

图 1-25 编程案例

二、公制单位选择（G21）、英制单位选择（G20）

GSK980TDb 系统采用 G21/G20 来进行公、英制的切换。

如：G20 G01 U5（表示刀具向 X 轴正方向移动 5 英寸）。枪械子弹一般用英寸作单位，1 in（1 英寸）= 25.4 mm。

G21 G01 U5.0；（表示刀具向 X 轴正方向移动 5 mm）

三、快速点定位代码（G00 代码）

1. 功能

运动轨迹为沿 X 轴、Z 轴方向同时从起点以各自的快速移动速度移动到终点。两轴是以各自独立的速度移动，短轴先到达终点，长轴独立移动剩下的距离，其合成轨迹不一定是直线。

2. 代码格式及说明

G00 X(U) ____ Z(W) ____；

X ____ Z ____ 为刀具目标点坐标。U ____ W ____ 为目标点相对于起始点的增量坐标。

G00 不用指定移动速度，其移动速度由机床系统参数设定。在实际操作时，也能通过机床面板上的按钮对 G00 的移动速度进行调整。

由于 G00 的轨迹通常为折线形轨迹，采用 G00 方式进、退刀时要注意：避免刀具与工件、夹具等发生碰撞。

3. 编程案例

如图 1-26 所示，刀具从 A 点快速点定位（G00 代码）至 B 点。试编写其程序段。

此处采用直径编程，因此 A 点、B 点在 X 方向上的值均为直径值。

程序段： G00　X20　Z2；　　　　（绝对坐标编程）
　　　　 G00　U-52　W-28；　　（相对坐标编程）
　　　　 G00　X20　W-28；　　　（混合坐标编程）
　　　　 G00　U-52　Z2；　　　　（混合坐标编程）

四、直线插补代码（G01）

1. 功能

直线插补代码的运动轨迹为从起点到终点的一条直线。

2. 代码格式

G01　X(U) ____　Z(W) ____　F ____ ；

X ____ Z ____ 为刀具目标点坐标。U ____ W ____ 为目标点相对于起始点的增量坐标。F ____ 为刀具切削时的进给速度。在 G01 程序段中必须含有进给速度。

3. 加工案例

如图 1-27 所示，精车外圆锥面。圆锥的小端直径为 20 mm，大端直径为 30 mm，长度 30 mm。

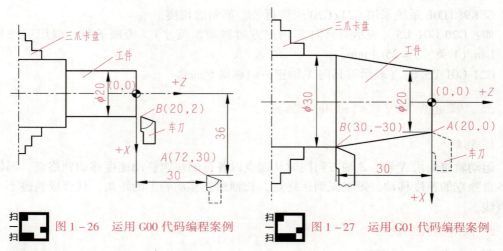

图 1-26　运用 G00 代码编程案例　　图 1-27　运用 G01 代码编程案例

程序段： G01　X30　Z-30　F80；　　（绝对坐标编程）
　　　　 G01　U10　W-30　F80；　　（相对坐标编程）
　　　　 G01　X30　W-30　F80；　　（混合坐标编程）
　　　　 G01　U10　Z-30　F80；　　（混合坐标编程）

五、顺时针圆弧插补代码（G02）

1. 功能

G02 代码的运动轨迹为从起点到终点的顺时针（后刀座坐标系）圆弧。

2. 代码格式：

半径方式：G02 X(U)＿＿ Z(W)＿＿ R＿＿ F＿＿；

3. 代码说明

G02 代码说明如图 1-28 所示。

（1）X＿＿ Z＿＿后面的值是圆弧终点坐标的绝对值；U＿＿ W＿＿后面的值是圆弧终点坐标相对圆弧起点坐标的增量值。

（2）R——圆弧的半径。

4. 编程案例

如图 1-29 所示，刀具从 A 点顺时针圆弧插补精车至 B 点。试编写其程序段。

半径方式：

G02 X30 Z-20 R20 F80；（绝对坐标编程）

G02 U20 W-20 R20 F80；（相对坐标编程）

图 1-28　G02 代码说明

六、逆时针圆弧插补代码（G03）

1. 功能

G03 代码的运动轨迹为从起点到终点的逆时针（后刀座坐标系）圆弧。

2. 代码格式

半径方式：G03 X(U)＿＿ Z(W)＿＿ R＿＿ F＿＿；

3. 加工案例

如图 1-30 所示，刀具从 A 点逆时针圆弧插补精车至 B 点，试编写其程序段。

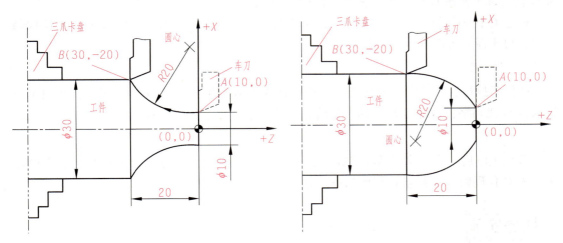

图 1-29　运用 G02 代码编程案例　　　　图 1-30　运用 G03 代码编程案例

半径方式：

G03 X30 Z-20 R20 F80；（绝对坐标编程）
G03 U20 W-20 R20 F80；（相对坐标编程）

七、顺时针圆弧插补代码（G02）与逆时针圆弧插补代码（G03）的判别

这里提供一种判别方法：假想采用的全是后刀座坐标系，即刀具在零件图的上方，顺时针车削圆弧选用 G02 代码，逆时针车削圆弧选用 G03 代码，如图 1-29、图 1-30 所示。

八、暂停代码（G04）

1. 功能

各轴运动停止，不改变当前的 G 代码模态和保持的数据、状态，延时给定的时间后，再执行下一个程序段。

2. 代码格式

G04 P ____；或 G04 X ____；或 G04 U ____；

3. 代码说明

G04 延时时间由代码字 P ____、X ____ 或 U ____ 指定；
P 代码单位：ms（毫秒），比如：G04 P1000，表示暂停 1 秒钟。
X、U 代码单位：秒（s），比如：G04 X1，表示暂停 1 秒钟。

九、模态、非模态与初态

1. 模态 G 代码

G 代码执行后，其定义的功能或状态保持有效，直到被同组的其他 G 代码改变，这种 G 代码称为模态 G 代码。模态代码有 G01、G02、G03 等。

模态 G 代码执行后，其定义的功能或状态被改变以前，后续的程序段执行该 G 代码字时，可不需要再次输入该 G 代码。

2. 非模态 G 代码

G 代码执行后，其定义的功能或状态一次性有效，每次执行该 G 代码时，必须重新输入该 G 代码字，这种 G 代码称为非模态 G 代码。非模态代码有 G04 等。

3. 初态

系统上电后，未经执行其功能或状态就有效的模态 G 代码称为初态 G 代码。上电后不输入 G 代码时，按初态 G 代码执行。

任务实施

同学们熟记常用的基本 G 代码。根据编程案例，编写相应的程序段，强化对基本 G 代码的运用。

课后练习

1. 什么是绝对坐标编程？什么是相对坐标编程？什么是混合坐标编程？
2. G00 代码的功能和格式是怎样的？
3. G01 代码的功能和格式是怎样的？
4. G02 代码的功能和格式是怎样的？
5. G03 代码的功能和格式是怎样的？
6. 编程车圆弧时，如何判断使用 G02 代码还是 G03 代码？
7. G04 代码的功能和格式是怎样的？
8. 什么是模态 G 代码？什么是非模态 G 代码？什么是初态？
9. 试运用 G00、G01 代码编写精车如图 1－31 所示圆柱部分的程序段。

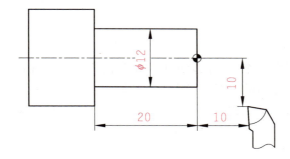

图 1－31　练习题 9 编程图例

10. 试分别运用 G00、G02 代码，G00、G03 代码编写精车如图 1－32 所示零件圆弧部分的程序段。

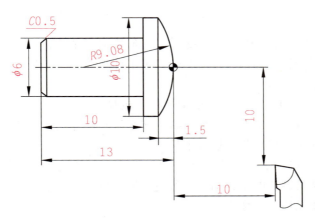

图 1－32　练习题 10 编程图例

任务小结

本任务主要涉及常用的基本的 G 代码：G00、G01、G02、G03、G04 等。同学们在认识和理解的过程中，要记住这些代码的功能及格式，体会并练习编程案例，熟练地运用这些代码编写程序。

任务六　践行数控车床的安全操作规程

任务目标

（1）了解安全事故案例。
（2）将数控车床操作的安全操作规程铭记于心，落实在数控车床的操作中。

任务引入

安全第一！这是任何一个行业都要求和警示的内容，数控加工也不例外。在数控加工行业中，发生过很多安全事故，轻则受伤，重则致残，甚至丧命。但是，造成安全事故的原因只有一个：没有遵循安全操作规程。因此，认识并践行安全操作规程尤为重要。

知识链接

一、企业中的一些安全事故案例

1. 安全事故案例

案例一：20 世纪 90 年代初的一个夏天，广东某国有企业机械加工车间的一位女工，操作车床加工长轴，用锉刀锉削工件时，袖口被工件缠绕到，造成右手骨折为四节，上衣被工件撕毁。

案例二：1982 年 7 月的一天，广东省糖机厂机械加工车间的一位年轻女工，在操作车床时，因电风扇从身后吹向身体，头发辫子被车床丝杠缠绕到，结果头发辫子连带着头皮一起被拔出，导致头发以后都不能再生长，悔恨终身。

案例三：1985 年 12 月，广东轻工系统的一工厂，一名男技术工人操作车床时，因戴手套操作，手套被夹具装置的螺钉钩住，致使该工人身体贴着车床夹具装置，胸膛被夹具装置迅速挖掉，鲜血满地，当场死亡。

2. 事故分析

车工安全操作规程规定："操作车床时，要穿好工作服，袖口要扎紧；女同志要戴安全帽或发网，将发辫纳入帽内或发网内；不准戴手套操作车床"等。可见，这些简单的要求在车床操作中十分重要。造成事故的原因往往都是平时工作的一个小疏忽。这些举手之劳就可以避免的疏忽，却造成了巨大的损失。

3. 吸取的教训

以上事故案例说明，安全意识淡薄、思想麻痹大意、违章作业会带来一系列血的教训，哪怕只是小小的细节，都能让操作者的生命受到危害。

4. 防范措施

（1）严格按安全规程操作。

（2）佩戴好劳动保护用品：戴好护目镜，女同志要戴安全帽，将发辫纳入帽内，严禁戴手套操作车床。

（3）加强专业技能培训，提升责任心和业务技能。

二、学校中的一些安全事故案例

案例一：某高校一位女生在车床实习时，因为实习中途要外出开会而抱侥幸心理没有戴安全帽，在操作时一根辫子不慎被车床丝杠绞了进去，她本人当即惊慌失措，出于本能用手紧紧抓住辫子拼命叫喊，幸亏不远处的指导教师眼疾手快，及时拉下总电闸才未酿成大祸。但由于丝杠旋转的惯性，该同学的头皮还是受了伤。

分析与教训：该女生因存在侥幸心理，没有遵守安全操作规程戴好安全帽，在操作时又不小心让辫子靠近旋转的丝杠。本事件中值得庆幸的是指导教师及时发现并阻止了事件的恶化，否则该名女生将会受重伤。

案例二：某高校学生在车削加工实习中，指导教师讲授完理论并进行示范操作后某学生就在普通车床上开机练习。当时学生将车床主轴转速调整至 50 r/min，在走刀箱丝杠、光杠转换手柄处于丝杠传动链状态下，合上开合螺母后又开了反转，致使大拖板往尾架方向快速后移，导致溜板箱与车床三杠托架相撞，溜板箱破裂、开合螺母、燕尾滑导轨变形。

分析与教训：发生上述车床损坏事故的原因是学生没有严格按照操作规程进行操作。该学生在没有完全了解车床各操作手柄功能及其处于不同位置的运动状况的情况下，就盲目地启动车床进行试探性操作，导致事故发生，此时很难采取相应的应急措施。

三、数控车床操作的安全规程

1. 安全操作注意事项

（1）任何人员使用该设备及其工具、量具等必须服从所在车间主管的管理。未经主管允许，不得任意开动车床。

（2）在工场内禁止大声喧哗、嬉戏追逐；禁止吸烟；禁止从事一些未经指导人员同意的工作，不得随意触摸、启动各种开关。

（3）禁止随意改变机床内部设置。

（4）在操作范围内，应把刀具、工具、量具、材料等物品放在工作台上，机床上不应放任何杂物。

（5）操作车床时为了安全起见，穿着要合适，不得穿短裤，不得穿拖鞋；女同事禁止穿裙子，长头发要盘在帽子里（或发网里）；并且不能穿着过于宽松的衣服；必须穿好工作服（扣好纽扣）、安全鞋，戴好防护眼镜；严禁戴手套操作车床。

（6）不要移动或损坏安装在车床上的警告标牌。

（7）装夹刀具和工件必须牢固。

（8）卡盘扳手用完后，必须随手取下，防止飞出伤人。

（9）不能用手刹住正在旋转的卡盘、齿轮、丝杠等。

（10）安装或卸下刀具、工件都应在车床停止状态下进行。

（11）不可倚靠在车床上操作。

（12）不要随便装卸车床上的电气设备和其他附件。

（13）严格遵守岗位责任制，车床由专人使用，未经同意不得擅自使用。

（14）禁止学员私自进行尝试性操作。

2. 操作前的注意事项

（1）开机前应对车床进行全面细致的检查，确认无误后，方可操作；特别要确定工件是否被夹紧、卡盘扳手是否已经取下。

（2）车床通电后，检查各开关、按钮和按键是否正常、灵活，车床有无异常现象。

（3）检查电压、气压、油压是否正常，检查润滑系统工作是否正常；如车床长时间未开动，可先采用手动方式向各部分供油润滑。

（4）车床开始加工前要进行预热，一般让主轴空转预热 5~10 min。

（5）使用的刀具应与车床允许的规格相符，有严重破损的刀具要及时更换。

（6）调整刀具中所用的工具不要遗忘在车床内。

（7）检查大尺寸轴类零件的中心孔是否合适，以免发生危险。

（8）刀具安装好后应进行 1~2 次的试切削。

（9）车床开动前，必须关好车床防护门。

（10）各手动润滑点必须按说明书要求润滑。

（11）使用车床的时候，切削液要定期更换，一般 1~2 个月更换一次。

（12）检查车床各功能按键的位置是否正确。

（13）执行光标要放在主程序头。

3. 操作中的注意事项

（1）在车削工件期间，不要清理切屑。

（2）禁止用手接触刀尖和铁屑。清除铁屑必须要用铁钩子或毛刷来清理，不可用手直接清除。

（3）禁止用手接触正在旋转的主轴、卡盘、工件表面或其他运动部位。

（4）车床主轴未停稳时，不能用棉纱擦拭工件、清扫车床。

（5）车床运转中，操作者不得离开岗位。当程序出错或机床性能不稳定时，应立即关机，请示当班组长，消除故障后方能重新开机操作。

（6）在加工过程中，不允许打开车床防护门。

（7）程序输入后，应认真校对，确保无误，其中包括对代码、地址、数值、正负号、小数点及语法的检查。

（8）将程序输入车床后，须先进行图形模拟；确认准确无误后，再进行车床试运行，并且刀具应远离工件端面；看程序是否顺利执行，刀具长度和夹具安装是否合理，有无超程现象。

（9）试切和加工中，刃磨刀具或更换刀具后，一定要重新对刀，修改好刀补值和刀补号。

（10）使用手轮或快速移动方式移动各轴位置时，一定要看清车床 X、Z 轴各方向"＋、－"号标牌后再移动。移动时，先慢转手轮，观察车床移动方向无误后，方可加快移动速度。

（11）对刀应准确无误，刀具补偿号应与程序调用刀具号相符。

（12）加注适量冷却液。

（13）站立位置应合适，启动程序时，右手做好按"急停按钮"准备，程序在运行当中手不能离开"急停按钮"，如有紧急情况立即按下"急停按钮"。

（14）关闭防护门以免铁屑、润滑油飞出。加工过程中认真观察切削及冷却状况，确保车床、刀具的正常运行。

（15）在程序运行中需暂停测量工件尺寸时，要待车床完全停止、主轴停转后方可进行测量，以免发生人身事故。

（16）触摸工件、刀具或主轴时要注意是否烫手，小心灼伤。

（17）关机时，要等主轴停转 3 min 后方可关机。

（18）车削中需用砂纸时，应将其放在锉刀上，严禁戴手套用砂纸操作，磨破的砂纸不准使用，不准使用无柄锉刀。

（19）手潮湿时勿触摸任何开关或按钮，手上有油污时禁止操作控制面板。

（20）操作控制面板上的各种功能按钮时，一定要辨别清楚并确认无误后，才能进行操作，不要盲目操作。

（21）操作中出现工件跳动、异常声音、夹具松动等异常情况或故障时，必须立即切断电源，并立即报告现场组长，勿带故障操作和擅自处理。现场指导人员应做好相关记录。

（22）在机床实操时，只允许一名操作员单独操作，其余非操作的同事应离开工作区。实操时，同组同事要注意工作场所的环境、互相关照、互相提醒，防止发生人员或设备的安全事故。

（23）加工镁合金工件时，应戴防护面罩，注意及时清理加工中产生的切屑。

4. 操作完成后的注意事项

（1）工作完毕后，必须清除车床及其周围的铁屑和冷却液，并用棉纱将导轨面擦干净后涂上机油，以防止导轨生锈。

（2）要保持工作环境的清洁，清除切屑、擦拭车床，清理工作场所，整理好工具、刀具、工件、夹具等，必须做好当天的设备检查记录。

（3）注意检查或更换磨损坏了的车床导轨上的油擦板。

（4）检查润滑油、冷却液的状态，及时添加或更换。

（5）依次关闭车床操作面板上的电源开关和总电源开关。

任务实施

在实训基地或企业的车工室和数控车工室参观，认识机床上贴的、车间墙上挂的、公示栏公示的各种注意事项及安全操作规程。

课后练习

1. 安全操作的注意事项有哪些？
2. 操作前的注意事项有哪些？
3. 操作中的注意事项有哪些？
4. 操作完成后的注意事项有哪些？
5. 谈谈对数控车床的安全操作规程的认识，以及如何践行好安全操作规程。

任务小结

本任务主要涉及数控车床的安全操作规程，虽然只是些文字的内容，听一听、看一看都懂的内容，但是事关安全，不可马虎。按照安全操作规程进行生产加工并非一朝一夕，要将安全牢记心中，践行好安全操作规程，安全第一！

任务七　掌握常见车刀的试切法对刀步骤

任务目标

（1）认识刀位点的定义，了解刀具偏置清零的步骤。
（2）理解并熟记外圆车刀、切槽刀、螺纹刀、盲孔车刀的试切法对刀步骤。

任务引入

"对刀""试切法对刀"，同学们对这些术语可能感到奇怪，会产生很多相关的疑问。本任务就是让同学们认识试切法对刀，知晓为什么要对刀，熟记试切法对刀的步骤。如果你们在学习过程中对文字内容理解困难，那么试切法对刀的示意图一定能帮助到你们。

知识链接

一、数控车床对刀的原因

编程原点是编程人员根据加工零件图样及加工工艺要求选定的编程的原点。如果以编程原点为坐标原点，建立一个 Z 轴与 X 轴的直角坐标系，则此坐标系就称为工件坐标系。对刀的目的就是建立工件坐标系，来确定刀具与工件之间的位置关系。

建立了工件坐标系，车刀运动到的位置就可以用工件坐标系中的坐标点表示。这就是利用数字化信息对机械运动及加工过程进行控制的一种方法，即数控。

二、刀位点

在数控编程中，为了编程人员编程方便，通常将数控刀具假想成一个点，该点称为刀位点或刀尖点。

车刀与镗刀的刀位点通常指刀具的刀尖。

钻头的刀位点通常指钻尖。

三、刀具偏置清零的方法

刀具偏置清零的方法是把光标移到要清零的补偿号的位置。

1. 方法一：

如果要把 X 轴的刀具偏置值清零，则按 × 键，再按 输入IN 键，X 轴的刀具偏置值被清零。

如果要把 Z 轴的刀具偏置值清零，则按 Z 键，再按 输入IN 键，Z 轴的刀具偏置值被清零。

2. 方法二

如果 X 轴当前刀具偏置值为 α，输入"U－α"，再按 输入IN 键，则 X 轴的刀具偏置值为零。

如果 Z 轴当前刀具偏置值为 β，输入"W－β"，再按 输入IN 键，则 Z 轴的刀具偏置值为零。

四、外圆车刀的试切法对刀步骤

将编程原点选择在工件旋转中心与工件右端面的交点上的对刀步骤如下。

1. Z 轴方向对刀

Z 轴方向对刀如图 1 - 33 所示。

（1）主轴正转，在刀架上选择一把外圆刀，在手轮方式下移动刀具。

（2）使刀具沿表面 A 在 X 轴方向切入工件。

(3) 在 Z 轴方向不动的情况下，沿 X 轴方向退出刀具，并且停止主轴旋转。

(4) 按 [刀补/OFT] 键进入偏置界面，选择刀具偏置页面，按 [↑] 键、[↓] 键移动光标，选择该刀具对应的偏置号。

(5) 依次键入地址键 [Z]、数字键 [0] 和小数点键 [.] 以及 [输入/IN] 键。

完成以上五步后，Z 向对刀完成。对于该外圆刀的刀位点，表面 A 所在平面的 Z 值均为零。

2. X 轴方向对刀

X 轴方向对刀如图 1-34 所示。

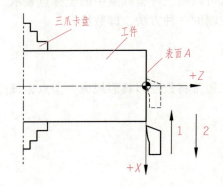

图 1-33 Z 轴方向对刀　　　　图 1-34 X 轴方向对刀

(1) 主轴正转，在手轮方式下移动刀具。

(2) 使刀具沿表面 B 在 Z 轴方向切入工件。

(3) 在 X 轴方向不动的情况下，沿 Z 轴方向退出刀具，并且停止主轴旋转。

(4) 测量直径（假设测得的直径 $\phi = 26.02$ mm）。

(5) 按 [刀补/OFT] 键进入偏置界面，选择刀具偏置页面，按 [↑] 键、[↓] 键移动光标，选择该刀具对应的偏置号。

(6) 依次键入地址键 [X]、数字键和小数点键 [2]、[6]、[.]、[0]、[2] 以及 [输入/IN] 键。

完成以上六步后，X 轴方向对刀完成。对于该外圆刀的刀位点，表面 B 上各点的直径值均为 26.02 mm，工件回转中心的 X 值为零。

五、切槽刀的试切法对刀步骤

1. Z 轴方向对刀

Z 轴方向对刀如图 1-35 所示。

(1) 主轴正转，在刀架上选择一把切槽刀，在手轮方式下移动刀具。

(2) 使刀具刀位点缓慢轻触表面 A（金属工件，听声音判断）。

(3) 在 Z 轴方向不动的情况下沿 X 轴方向退出刀具，并且停止主轴旋转。

(4) 按 [刀补/OFT] 键进入偏置界面，选择刀具偏置页面，按 [↑] 键、[↓] 键移动光标，选择该刀具对应的偏置号。

(5) 依次键入地址键 Z 、数字键 0 和小数点键 . 以及 输入 键。

完成以上五步后，Z 轴方向对刀完成。对于该切槽刀的刀位点，表面 A 所在平面的 Z 值均为零。

2. X 轴方向对刀

X 轴方向对刀如图 1-36 所示。

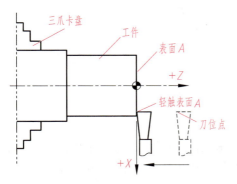

图 1-35　Z 轴方向对刀

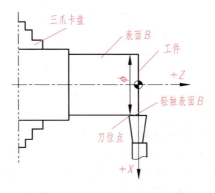

图 1-36　X 轴方向对刀

(1) 主轴正转，在手轮方式下移动刀具。
(2) 使刀具刀位点缓慢轻触表面 B（金属工件，听声音判断）。
(3) 在 X 轴方向不动的情况下，沿 Z 轴方向退出刀具，并且停止主轴旋转。
(4) 测量直径（测得的直径 $\phi = 26$ mm）。
(5) 按 刀补/OFT 键进入偏置界面，选择刀具偏置页面，按 ↑ 键、↓ 键移动光标，选择该刀具对应的偏置号。
(6) 依次键入地址键 X 、数字键 2 、 6 和小数点键 . 以及 输入 键。

完成以上六步后，X 轴方向对刀完成。对于该切槽刀的刀位点，表面 B 上各点的直径值均为 26 mm，工件回转中心的 X 值为零。

六、普通三角螺纹车刀的试切法对刀步骤

1. Z 轴方向对刀

Z 轴方向对刀如图 1-37 所示。
(1) 主轴正转，在刀架上选择一把普通三角螺纹车刀，在手轮方式下移动刀具。
(2) 使刀具刀位点与工件表面 A 对齐（凭眼睛看）。
(3) 按 刀补/OFT 键进入偏置界面，选择刀具偏置页面，按 ↑ 键、↓ 键移动光标，选择该刀具对应的偏置号。
(4) 依次键入地址键 Z 、数字键 0 和小数点键 . 以及 输入 键。

完成以上四步后，Z 轴方向对刀完成。对于该普通三角螺纹车刀的刀位点，表面 A 所在平面的 Z 值均为零。

2. X 轴方向对刀

X 轴方向对刀如图 1-38 所示。

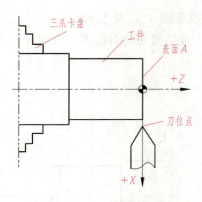
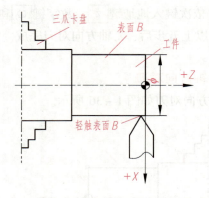

图 1-37　Z 轴方向对刀　　　　　图 1-38　X 轴方向对刀

（1）主轴正转，在手轮方式下移动刀具。
（2）使刀具刀位点缓慢轻触表面 B（金属工件，听声音判断并结合眼睛看）。
（3）在 X 轴方向不动的情况下，沿 Z 轴方向退出刀具，并且停止主轴旋转。
（4）测量直径（测得的直径 ϕ = 26 mm）。
（5）按 [刀补/OFT] 键进入偏置界面，选择刀具偏置页面，按 [↑] 键、[↓] 键移动光标，选择该刀具对应的偏置号。
（6）依次键入地址键 [X]、数字键 [2]、[6] 和小数点键 [.] 以及 [输入/IN] 键。

完成以上六步后，X 轴方向对刀完成。对于该普通三角螺纹车刀的刀位点，表面 B 上各点的直径值均为 26 mm，工件回转中心的 X 值为零。

七、盲孔车刀的试切法对刀步骤

对于盲孔车刀的对刀，先要在工件端面钻一个孔，这个孔称为底孔。如果将编程原点选择在工件旋转中心与工件的右端面的交点上，那么对刀步骤如下。

1. Z 轴方向对刀

Z 轴方向对刀如图 1-39 所示。

（1）主轴正转，在刀架上选择一把盲孔车刀，在手轮方式下移动刀具。
（2）使刀具刀位点缓慢轻触表面 A（金属工件，听声音判断）。
（3）在 Z 轴方向不动的情况下，沿 X 轴方向退出刀具，并且停止主轴旋转。
（4）按 [刀补/OFT] 键进入偏置界面，选择刀具偏置页面，按 [↑] 键、[↓] 键移动光标，选择该刀具对应的偏置号。
（5）依次键入地址键 [Z]、数字键 [0] 和小数点键 [.] 以及 [输入/IN] 键。

完成以上五步后，Z 轴方向对刀完成。对于该盲孔车刀的刀位点，表面 A 所在平面的 Z 值均为零。

2. X 轴方向对刀

X 轴方向对刀如图 1-40 所示。

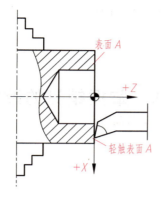 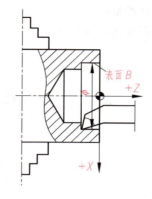

图 1-39　Z 轴方向对刀　　　　图 1-40　X 轴方向对刀

（1）主轴正转，在手轮方式下，移动刀具。
（2）使刀具沿表面 B 在 Z 轴方向切入工件。
（3）在 X 轴方向不动的情况下，沿 Z 轴方向退出刀具，并且停止主轴旋转。
（4）测量直径（假设测得的直径 $\phi = 26.02\ \text{mm}$）。
（5）按 [刀补/OFT] 键进入偏置界面，选择刀具偏置页面，按 [↑] 键、[↓] 键移动光标，选择该刀具对应的偏置号。
（6）依次键入地址键 [X]、数字键和小数点键 [2]、[6]、[.]、[0]、[2] 以及 [输入/IN] 键。

完成以上六步后，X 轴方向对刀完成。对于该盲孔车刀的刀位点，表面 B 上各点的直径值均为 26.02 mm，工件回转中心的 X 值为零。

任务实施

在实训基地的数控车工室，按照安全操作规程，分别用外圆车刀、切槽刀、螺纹刀、盲孔车刀、通孔车刀进行试切法对刀操作。

课后练习

1. 数控车床为什么要对刀？
2. 什么是刀位点？怎么将刀具偏置清零？
3. 简述外圆车刀的对刀步骤。
4. 简述切槽刀的对刀步骤。
5. 简述螺纹刀的对刀步骤。
6. 简述盲孔车刀的对刀步骤。

任务小结

本任务主要涉及常见车刀的试切法对刀步骤。其实它们的对刀步骤好比散文：形散、神不散。在认识和理解的过程中,要善于抓住试切法对刀的核心步骤和核心方法,并结合在实训基地的对刀操作,强化练习。

任务八　掌握销钉的数控车削编程

任务目标

(1) 了解对销钉的加工分析。
(2) 理解销钉的车削过程。
(3) 掌握销钉的数控车削编程。

任务引入

通过之前的学习任务,同学们积累了一些数控车削的知识和操作步骤,为数控车削编程奠定了重要的基础。本任务为同学们开启数控车削工件的案例学习,以销钉的数控车削为例,让同学们理解销钉的车削过程、掌握销钉的数控车削编程。数控车削中很关键的是刀具的加工轨迹,因此同学们要加强对刀具轨迹的认识和理解。

数控车削任务:

数控车削图 1-41 所示的零件,毛坯为 $\phi 10 \text{ mm} \times 100 \text{ mm}$ 的黄铜 H62。

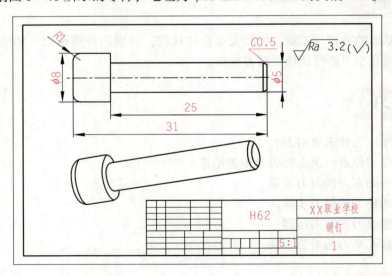

图 1-41　销钉的零件图

知识链接

一、分析图样

（1）首先看标题栏，粗略了解零件。生产部门：某职业学校；名称：销钉；材料：H62（平均含铜量为62%的普通黄铜）；比例：5:1 等。

（2）分析研究视图，明确表达目的。此零件图采用了一个基本视图表达，可认为是主视图。

（3）深入分析视图，想象结构形状。零件图中已经附有该零件的实体图。

（4）分析所有尺寸，弄清尺寸要素。弄清尺寸的要素。注意此图径向基准为工件轴线，长度基准为右端面。

（5）分析技术要求，综合看懂全图。此图零件表面粗糙度 Ra 不大于3.2 μm。尺寸精度：ϕ8 mm、ϕ5 mm、25 mm、31 mm 均为自由公差。倒角 C0.5、R1。形位精度：没有要求。无其他技术要求。

二、选择机床、刀具和夹具

（1）选择 GSK980TDb 系统的数控车床。

（2）根据材料的加工特性——选择高速钢（HSS）刀具。

（3）刀具的安排如图 1-42 所示。

外圆刀的主偏角为80°左右，既大大减小了径向切削力，同时又保留了一点径向切削力，以使工件压在卡爪上。主偏角为80°的外圆车刀比90°偏刀更耐用，也避免了"扎刀"现象。

（4）夹具：三爪卡盘。

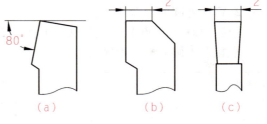

图 1-42 刀具的安排
(a) T01 外圆粗车刀；(b) T02 外圆精车刀；
(c) T03 切槽刀

三、选择车削用量

（1）a_p：粗车一刀，直径方向留精车余量最小处 0.2 mm。

（2）v_c：转变为转速 n，n 暂定为 800～1 500 r/min。

（3）f：暂定为 0.02～0.06 mm/r。

四、设定工件坐标系

工件旋转中心与工件右端面交点处，设定为编程原点，如图 1-43 所示。

五、设计加工轨迹、编写参考程序段

（1）数控车削销钉的步骤：粗车外圆→精车外圆→车削圆弧 R1、切断。

图 1-43 编程原点的位置

(2) 加工轨迹的安排和基点的位置。

1) 粗车外圆。粗车外圆的轨迹和基点坐标值,如图 1-44 所示。

① 粗车外圆的参考思路:留精车余量,1 号外圆粗车刀沿着外轮廓车削。

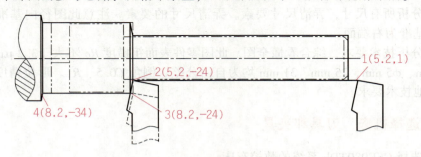

图 1-44 粗车外圆的轨迹和基点坐标值

② 粗车外圆的参考轨迹。

定位(G00)至点 1,车削(G01)至点 2,车削(G01)至点 3,车削(G01)至点 4。

③ 粗车外圆的参考程序段。

程序段	
T0101;	G01 Z-24 F0.06; (车削至点 2)
G00 Z1;	X8.2; (车削至点 3)
X5.2;　　　(定位至点 1)	Z-34; (车削至点 4)

2) 精车外圆。精车外圆的轨迹和基点坐标值,如图 1-45 所示。

① 精车外圆的参考思路:针对此细长工件,为了更好地倒角 C0.5,2 号外圆精车刀沿着外轮廓从左至右车削。

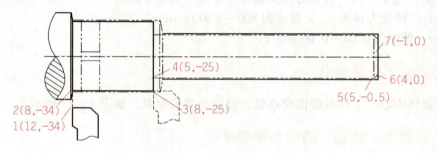

图 1-45 精车外圆的轨迹和基点坐标值

② 精车外圆的参考轨迹。

定位（G00）至点 1，车削（G01）至点 2，车削（G01）至点 3，车削（G01）至点 4，车削（G01）至点 5，车削（G01）至点 6，车削（G01）至点 7。

③ 精车外圆的参考程序段。

程序段				
T0202;			Z-25;	（车削至点 3）
G00 X12;			X5;	（车削至点 4）
Z-34;	（定位至点 1）		Z-0.5;	（车削至点 5）
G01 X8 F0.06;	（车削至点 2）		X4 Z0;	（车削至点 6）
			X-1;	（车削至点 7）

3）车削 $R1$ 的圆弧、切断。车削 $R1$ 的圆弧、切断的轨迹和基点坐标值，如图 1-46 所示。

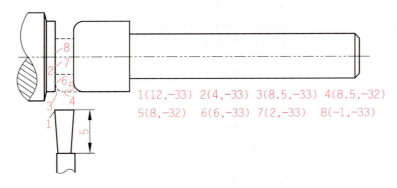

1(12,-33) 2(4,-33) 3(8.5,-33) 4(8.5,-32)
5(8,-32)   6(6,-33) 7(2,-33)   8(-1,-33)

图 1-46　车 $R1$ 的圆弧、切断的轨迹和基点坐标值

① 车削 $R1$ 的圆弧、切断的参考思路：3 号车刀（刀宽 2 mm，左刀尖为刀位点）先车削 2 mm 深的外沟槽，再车削 $R1$ 的圆弧，最后切断。

② 车削 $R1$ 的圆弧、切断的参考轨迹。

定位（G00）至点 1，车削（G01）至点 2，定位（G00）至点 3，定位（G00）至点 4，定位（G01）至点 5，车削（G03）至点 6，车削（G01）至点 7，车削（G01）至点 8。

③ 车削 $R1$ 的圆弧、切断的参考程序。

程序段				
T0303;			G01 X8;	（定位至点 5）
G00 X12;			G03 X6 W-1 R1 F0.02;	（车削至点 6）
Z-33;	（定位至点 1）		G01 X2;	（车削至点 7）
G01 X4 F0.03;	（车削至点 2）		G04 X0.5;	（刀具暂停 0.5 s）
G00 X8.5;	（定位至点 3）		G01 X-1;	（车削至点 8）
W1;	（向右移动 1 mm，定位至点 4）			

六、组合车削销钉的参考程序段

组合车削销钉的参考程序段，增加程序名、准备阶段的内容、结束语句等，就组成了数控车削销钉的参考程序。

O0001	程序名（字母"O"开头）	
T0101；	（调用1号车刀、1号刀补）	准备阶段
M03 S1000；	（主轴正转、转速1 000 r/min）	
G99 F0.06；	（每转进给量，0.06 mm/r）	
G00 X30 Z30；	（刀尖快速定位到X30、Z30）	
Z1；	（刀尖快速定位到Z1）	粗车外圆
X5.2；	（刀尖快速定位到X5.2）	
G01 Z-24 F0.06；	（刀尖车削到Z-24）	
X8.2；	（刀尖车削到X8.2）	
Z-34.；	（刀尖车削到Z-34）	
G00 X100；		
Z100；	（退至换刀点）	
T0202；	（换2号刀及2号刀补）	精车外圆
M03 S1500；	（主轴正转、转速1 500 r/min）	
G00 X12；	（刀尖快速定位到X12）	
Z-34；	（刀尖快速定位到Z-34）	
G01 X8. F0.06；	（刀尖车削到X8）	
Z-25；	（刀尖车削到Z-25）	
X5；	（刀尖车削到X5）	
Z-0.5；	（刀尖车削到Z-0.5）	
X4. Z0；	（刀尖车削到X4、Z0）	
X-1；	（刀尖车削到X-1）	
G00 X100 Z100；	（退至换刀点）	
T0303；	（换3号刀及3号刀补）	倒角R1、切断
M03 S800；	（主轴正转、转速800 r/min）	
G00 X12；	（刀尖快速定位到X12）	
Z-33；	（刀尖快速定位到Z-33）	
G01 X4 F0.04；	（刀尖车削到X4，0.04 mm/r）	
G00 X8.5；	（刀尖快速定位到X8.5）	
W1；	（刀尖快速向右移动1.0 mm）	
G01 X8 F0.02；	（刀尖车削到X8，0.02 mm/r）	
G03 X6 W-1 R1；	（刀尖圆弧插补到X6、Z-33）	
G01 X2；	（刀尖车削到X2）	
G04 X0.5；	（刀具暂停0.5 s）	
G01 X-1；	（刀尖车削到X-1）	
G00 X100；	（刀尖快速定位到X100）	退刀
Z100；	（刀尖快速定位到Z100）	
M30；	（程序结束，并返回）	程序结束

加工后，经测量；若零件尺寸超出公差，可根据加工后零件的实际尺寸，调整程序中的 X 值和 Z 值。

任务实施

在实训基地的数控车工室，按照安全操作规程，加工该工件：

（1）装夹毛坯。
（2）分别对刃磨好的车刀进行试切法对刀。
（3）输入并检查参考程序。
（4）单段运行参考程序，隔着防护窗观察刀具轨迹。
（5）完成实训任务书。

课后练习

1. 编写图 1-47 中零件的精车程序。

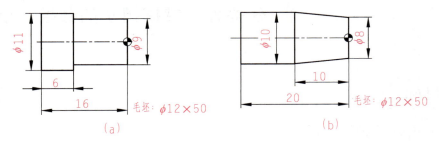

图 1-47　练习题 1 零件图

2. 编写图 1-48 中零件的车削程序。

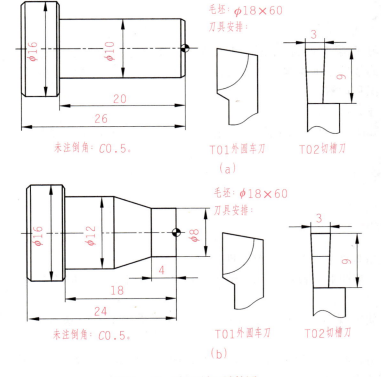

图 1-48　练习题 2 零件图

任务小结

本任务以加工销钉为例,展现了数控车削该工件的主要过程:分析图样→选择车床、刀具和夹具→选择车削用量→设定工件坐标系→设计加工轨迹、编写参考程序段→组合车削零件的参考程序段。同学们在编写零件的数控车削程序时,可将此过程作为参考,进行数控车削编程。

任务九　掌握销子的数控车削编程

任务目标

(1) 了解对销子的加工分析。
(2) 理解销子的车削过程。
(3) 掌握销子的数控车削编程。

任务引入

同学们学习了销钉的数控车削编程及加工,其中的刀具轨迹比较费解。本任务为同学们安排了销子的数控车削编程,其刀具轨迹同样很有特色。因此,同学们要进一步加强对刀具轨迹的认识和理解。

数控车削任务:

数控车削如图 1-49 所示的零件,毛坯为 $\phi30 \text{ mm} \times 600 \text{ mm}$ 的 3A21。

知识链接

一、分析图样

(1) 首先看标题栏,粗略了解零件。

生产部门:某职业学校;名称:销子;材料:3A21(一种应用广泛的防锈铝合金);比例:4∶1。

(2) 分析研究视图,明确表达目的。此零件图采用了一个基本视图表达,可认为是主视图。

(3) 深入分析视图,想象结构形状。零件图中已经附有该零件的实体图。

(4) 分析所有尺寸,弄清尺寸要素。注意此图径向基准为工件轴线,长度基准为左端面。

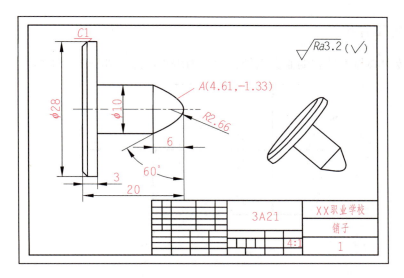

图 1-49 销子的零件图

（5）分析技术要求，综合看懂全图。此图零件表面粗糙度 Ra 不大于 3.2 μm。尺寸精度：$\phi28$ mm、$\phi10$ mm、20 mm、3 mm、6 mm 均为自由公差。倒角 $C1$。形位精度：没有要求。无其他技术要求。

二、选择机床、刀具和夹具

（1）选择 GSK980TDb 系统的数控车床。
（2）根据材料的加工特性选择高速钢（HSS）刀具。
（3）刀具的安排，如图 1-50 所示。

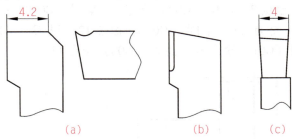

图 1-50 刀具的安排
（a）T01 外圆粗车刀；（b）T02 外圆精车刀；（c）T03 切槽刀

（4）夹具：三爪卡盘。

三、选择车削用量

（1）a_p：粗车一刀，留精车余量：最小处 0.2 mm，最大处 1.5 mm。
（2）v_c：转变为转速 n，n 暂定为 600~1 000 r/min。
（3）f：车外圆暂定为 0.06 mm/r；切断暂定为 0.02 mm/r。

四、设定工件坐标系

工件旋转中心与工件右端面交点处,设定为编程原点,如图1-51所示。

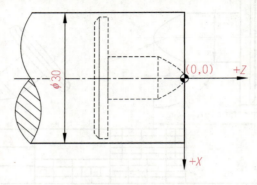

图1-51 编程原点的位置

五、设计加工轨迹、编写参考程序段

(1)数控车削销子的步骤:粗车外圆→精车外圆→倒角C1、切断。

(2)加工轨迹的安排和基点的位置。

1)粗车圆柱面。粗车圆柱面的轨迹和基点坐标值,如图1-52所示。

① 粗车圆柱面参考思路:1号车刀采用径向车削。

② 粗车圆柱面参考轨迹:定位(G00)至点1,车削(G01)至点2,退刀(G00)至点1,定位(G00)至点3,车削(G01)至点4,退刀(G00)至点3,定位(G00)至点5,车削(G01)至点6,退刀(G00)至点5,定位(G00)至点7,车削(G01)至点8,退刀(G00)至点7,定位(G00)至点9,车削(G01)至点10,退刀(G00)至点9,定位(G00)至点11,车削(G01)至点12,退刀(G00)至点11,定位(G00)至点13,车削(G01)至点14,退刀(G00)至点13。

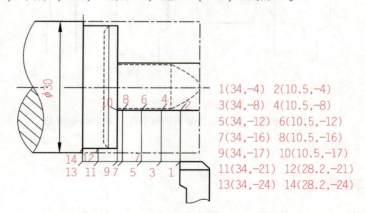

1(34,-4) 2(10.5,-4)
3(34,-8) 4(10.5,-8)
5(34,-12) 6(10.5,-12)
7(34,-16) 8(10.5,-16)
9(34,-17) 10(10.5,-17)
11(34,-21) 12(28.2,-21)
13(34,-24) 14(28.2,-24)

图1-52 粗车圆柱面的轨迹和基点坐标值

③ 粗车圆柱面的参考程序。

程序段		G01 X10.5 F0.1;	（车削至点 8）
T0101;		G00 X34;	
G00 X34;		Z-17;	（定位至点 9）
Z-4;	（定位至点 1）	G01 X10.5 F0.1;	（车削至点 10）
G01 X10.5 F0.1;	（车削至点 2）	G00 X34;	
G00 X34;		Z-21;	（定位至点 11）
Z-8;	（定位至点 3）	G01 X28.2 F0.1;	（车削至点 12）
G01 X10.5 F0.1;	（车削至点 4）	G00 X34;	
G00 X34;		Z-24;	（定位至点 13）
Z-12;	（定位至点 5）	G01 X28.2 F0.1;	（车削至点 14）
G01 X10.5 F0.1;	（车削至点 6）	G00 X34;	（定位至点 13）
G00 X34;		Z100;	（退刀）
Z-16;	（定位至点 7）		

2）粗车圆锥面、圆弧面。粗车圆锥面、圆弧面的轨迹和基点坐标值，如图 1-53 所示。

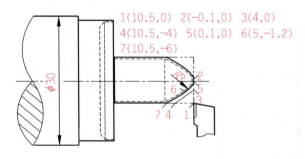

图 1-53 粗车圆锥面、圆弧面的轨迹和基点坐标值

① 粗车圆锥面、圆弧面的参考思路：留有精车余量，2 号车刀斜向车削、仿形车削外轮廓。

② 粗车圆锥面、圆弧面的参考轨迹：定位（G00）至点 1，车削（G01）至点 2，定位（G00）至点 3，车削（G01）至点 4，退刀（G00）至点 1，定位（G00）至点 5，车削（G03）至点 6，车削（G01）至点 7。

③ 粗车圆锥面、圆弧面的参考程序。

程序段		G01 X10.5 Z-4 F0.1;	（车削至点 4）
T0202;		G00 Z0;	（定位至点 1）
M03 S1000;	（主轴正转，转速 1 000 r/min）	X0.1;	（定位至点 5）
G00 X10.5;		G03 X5 Z-1.2 R3 F0.1;	（车削至点 6）
Z0;	（定位至点 1）	G01 X10.5 Z-6;	（车削至点 7）
G01 X-0.1 F0.1;	（车削至点 2）	G00 Z100;	（退刀）
G00 X4;	（定位至点 3）		

3）精车圆锥面、圆弧面。精车圆锥面、圆弧面的轨迹和基点坐标值，如图 1-54 所示。

① 精车圆锥面、圆弧面的参考思路：2号车刀沿着外轮廓轨迹车削，切除精车余量。

② 精车圆锥面、圆弧面的参考轨迹：定位（G00）至点1，车削（G03）至点2，车削（G01）至点3，车削（G01）至点4，车削（G01）至点5，车削（G01）至点6，车削（G01）至点7。

③ 精车圆锥面、圆弧面的程序。

程序段			
T0202；		Z-17；	（车削至点4）
G00 Z0；		X28；	（车削至点5）
X-0.1；	（定位至点1）	Z-24；	（车削至点6）
G03 X4.61 Z-1.33 R2.66 F0.1；	（车削至点2）	X38；	（车削至点7）
G01 X10 Z-6；	（车削至点3）	G00 Z100；	（退刀）

4）倒角、切断。倒角、切断的轨迹和基点坐标值，如图1-55所示。

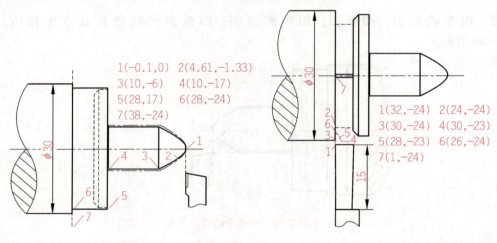

图1-54 精车圆锥面、圆弧面的轨迹和基点坐标值

图1-55 倒角、切断的轨迹和基点坐标值

① 倒角、切断的参考思路：3号车刀（刀宽4 mm，左刀尖为刀位点）车削2 mm深的外沟槽，倒角C1，再切断。

② 倒角、切断的参考轨迹：定位（G00）至点1，车削（G01）至点2，定位（G00）至点3，定位（G00）至点4，车削（G01）至点5，车削（G01）至点6，车削（G01）至点7。

③ 倒角、切断的参考程序。

程序段			
T0303；		G00 X30；	（定位至点3）
M03 S400；	（主轴正转，转速400 r/min）	Z-23；	（定位至点4）
G00 X32；		G01 X28 F0.03；	（车削至点5）
Z-24；	（定位至点1）	X26 Z-24；	（车削至点6）
G01 X24 F0.03；	（车削至点2）	X1；	（车削至点7）
		G00 X100；	（退刀）

六、组合车削销子的参考程序段

组合车削销子的参考程序段,再增加程序名、准备阶段的内容、结束语句等,就组成了数控车削销子的参考程序。

O0002	程序名(字母"O"开头)	
T0101; M03 S600; G99 F0.1; G00 X35 Z35;	(调用1号车刀、1号刀补) (主轴正转、转速600 r/min) (每转进给量,0.1 mm/r) (刀尖定位到X35、Z35)	准备阶段
G00 X34 Z-4; G01 X10.5 F0.1; G00 X34;Z-8; G01 X10.5 F0.1; G00 X34 Z-12; G01 X10.5 F0.1; G00 X34 Z-16; G01 X10.5 F0.1; G00 X34 Z-17; G01 X10.5 F0.1; G00 X34 Z-21; G01 X28.2 F0.1; G00 X34 Z-24; G01 X28.2 F0.1; G00 X34; Z100;	(刀尖定位到X34、Z-4) (刀尖车削到X10.5) (刀尖定位到X34、Z-8) (刀尖车削到X10.5) (刀尖定位到X34、Z-12) (刀尖车削到X10.5) (刀尖定位到X34、Z-16) (刀尖车削到X10.5) (刀尖定位到X34、Z-17) (刀尖车削到X10.5) (刀尖定位到X34、Z-21) (刀尖车削到X28.2) (刀尖定位到X34、Z-24) (刀尖车削到X28.2) (刀尖定位到X34) (退刀)	粗车圆柱面
G00 X100;	(退至换刀点)	
T0202; M03 S1000; G00 X10.5 Z0; G01 X-0.1 F0.1; G00 X4; G01 X10.5 Z-4 F0.1; G00 Z0; X0.1; G03 X5 Z-1.2 R3 F0.1; G01 X10.5 Z-6; G00 Z100;	(调用2号车刀、2号刀补) (主轴正转,转速1 000 r/min) (刀尖定位到X10.5、Z0) (刀尖车削到X-0.1,车削端面) (刀尖定位到X4) (刀尖车削到X10.5,Z-4) (刀尖定位到Z0) (刀尖定位到X0.1) (刀尖逆时针圆弧插补到X5、Z-1.2) (刀尖车削到X10.5,Z-6)	粗车圆锥面、圆弧面

G00 X100；	（退至换刀点）	
T0202； G00 Z0； X-0.1； G03 X4.61 Z-1.33 R2.66 F0.1； G01 X10 Z-6； Z-17； X28； Z-24； X38； G00 Z100；	（刀尖定位到X-0.1，Z0） （刀尖圆弧插补到X4.61，Z-1.33） （刀尖车削到X10，Z-6） （刀尖车削到Z-17） （刀尖车削到X28） （刀尖车削到Z-24） （刀尖车削到X38） （退刀）	精车圆锥面、圆弧面
G00 X100；	（退至换刀点）	
T0303； M03 S400； G00 X32 Z-24； G01 X24 F0.03； G00 X30； Z-23； G01 X28 F0.03； X26 Z-24； X1； G00 X100；	（调用3号车刀、3号刀补） （主轴正转，转速400 r/min） （刀尖定位到X32，Z-24） （刀尖车削到X24） （刀尖定位到X30） （刀尖定位到Z-23） （刀尖车削到X28） （刀尖车削到X26，Z-24） （刀尖车削到X1） （退刀）	倒角、切断
Z100；	（刀尖快速定位到Z100）	退刀
M30	（程序结束，并返回）	程序结束

加工后，经测量；若零件尺寸超出公差，可根据加工后零件的实际尺寸，调整程序中的 X 值和 Z 值。

任务实施

在实训基地的数控车工室，按照安全操作规程，加工该工件：
（1）装夹毛坯。
（2）分别对刃磨好的车刀进行试切法对刀。
（3）输入并检查参考程序。
（4）单段运行参考程序，隔着防护窗观察刀具轨迹。
（5）完成实训任务书。

课后练习

1. 编写如图1-56所示零件的精车程序。

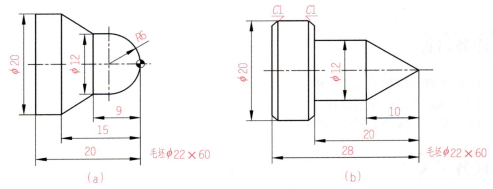

图1-56 练习题1零件图

2. 编写如图1-57所示零件的车削程序。

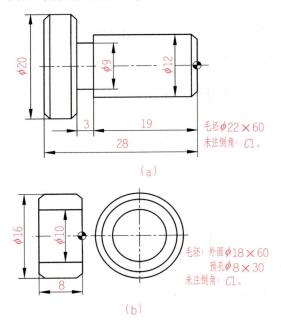

图1-57 练习题2零件图

任务小结

本任务以加工销子为例，展现了数控车削该工件的主要过程。同学们按照"分析图样→选择机床、刀具和夹具→选择车削用量→设定工件坐标系→设计加工轨迹、编写参考程序段→组合车削零件的参考程序段"的过程，进一步巩固对数控车削编程的学习。

任务十 掌握陀螺的数控车削编程

任务目标

（1）了解对陀螺的加工分析。
（2）理解陀螺的车削过程。
（3）掌握陀螺的数控车削编程。

任务引入

本任务为同学们安排了陀螺的数控车削编程，其刀具轨迹也很有代表性；可帮助同学们更深刻地认识和理解刀具轨迹。

数控车削任务：

数控车削如图1-58所示零件，毛坯为 $\phi30\ mm \times 60\ mm$ 的尼龙棒。

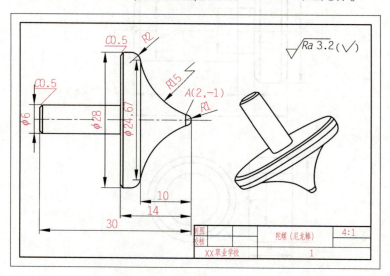

图1-58 陀螺的零件图

知识链接

一、分析图样

（1）首先看标题栏，粗略了解零件。

生产部门：某职业学校，名称：陀螺，材料：尼龙棒，比例：4:1。

(2) 分析研究视图，明确表达目的。此零件图采用了一个基本视图表达；可认为是主视图。

(3) 深入分析视图，想象结构形状。零件图中已经附有该零件的实体图。

(4) 分析所有尺寸，弄清尺寸要素。注意此图径向基准为工件轴线，长度基准为右端面。

(5) 分析技术要求，综合看懂全图。此图零件表面粗糙度 Ra 不大于3.2 μm。尺寸精度：$\phi 28$ mm、$\phi 24.67$ mm、$\phi 6$ mm、30 mm、14 mm、10 mm、$R1$ 均为自由公差。倒角 $C0.5$、$R2$。形位精度：没有要求。无其他技术要求。

二、选择机床、刀具和夹具

(1) 选择 GSK980TDb 系统的数控车床。
(2) 根据材料的加工特性，选择高速钢（HSS）刀具。
(3) 刀具的安排如图 1-59 所示。

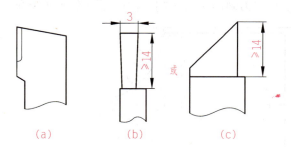

图 1-59 刀具的安排

（a）T01 右偏刀；（b）T02 切槽刀；（c）T03 外圆车刀

(4) 夹具：三爪卡盘。

三、选择车削用量

(1) a_p：粗车一刀，留精车余量：最小处0.2 mm，最大处0.5 mm。
(2) v_c：转变为转速 n，n 暂定为 400~1 000 r/min。
(3) f：暂定为 0.02~0.06 mm/r。

四、设定工件坐标系

工件旋转中心与工件右端面交点处，设定为编程原点，如图 1-60 所示。

五、设计加工轨迹、确定基点坐标

车削此陀螺的方法很多，我们的方法仅供参考。
(1) 数控车削陀螺的步骤：粗车外圆→精车外圆→倒角 $C0.5$、切断。
(2) 加工轨迹的安排和基点的位置。

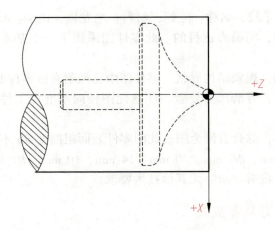

图1-60 编程原点的位置

1)粗车圆弧面、圆柱面。

① 粗车圆弧面的参考思路：为了运用常见刀具并体会程序的编辑，我们采用这样的方式：留精车余量，1号车刀斜向多刀车削、仿形多刀车削外轮廓，如图1-61所示。

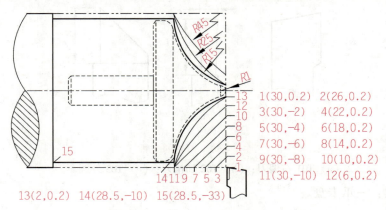

图1-61 粗车圆弧面、圆柱面的轨迹和基点坐标值

② 粗车圆弧面的参考轨迹：定位（G00）至点1，定位（G00）至点2，车削（G01）至点3，定位（G00）至点1，定位（G00）至点4，车削（G01）至点5，定位（G00）至点1，定位（G00）至点6，车削（G01）至点7，定位（G00）至点1，定位（G00）至点8，车削（G01）至点9，定位（G00）至点1，定位（G00）至点10，车削（G01）至点11，定位（G00）至点1，定位（G00）至点12，车削（G02）至点11（R45），定位（G00）至点1，定位（G00）至点13，车削（G02）至点11（R25），定位（G00）至点1，定位（G00）至点13，车削（G02）至点14（R15），车削（G01）至点15。

③ 粗车圆弧面、圆柱面的参考程序。

2)精车圆弧面、圆柱面。

① 精车圆弧面、圆柱面的参考思路：1号车刀沿着外轮廓轨迹车削，切除精车余量，如图1-62所示。

程序段		G00 Z0.2;	（定位至点1）
T0101;		X10;	（定位至点10）
G00 X30;		G01 X30 Z-10 F0.1;	（车削至点11）
Z0.2;	（定位至点1）	G00 Z0.2;	（定位至点1）
G00 X26;	（定位至点2）	X6;	（定位至点12）
G01 X30 Z-2 F0.1;	（车削至点3）	G02 X30 Z-10 R45 F0.1;	（车削至点11）
G00 Z0.2;	（定位至点1）	G00 Z0.2;	（定位至点1）
X22;	（定位至点4）	X2;	（定位至点13）
G01 X30 Z-4 F0.1;	（车削至点5）	G02 X30 Z-10 R25 F0.1;	（车削至点11）
G00 Z0.2;	（定位至点1）	G00 Z0.2;	（定位至点1）
X18;	（定位至点6）	X2;	（定位至点13）
G01 X30 Z-6 F0.1;	（车削至点7）	G02 X28.5 Z-10 R15 F0.1;	（车削至点14）
G00 Z0.2;	（定位至点1）	G01 Z-33;	（车削至点15）
X14;	（定位至点8）	G00 X100;	（退刀）
G01 X30 Z-8 F0.1;	（车削至点9）	Z100;	

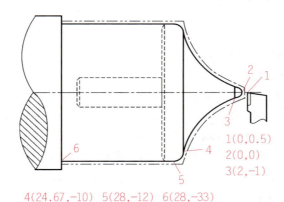

图1-62 精车圆弧面、圆柱面的轨迹和基点坐标值

② 精车圆弧面、圆柱面的参考轨迹：定位（G00）至点1，车削（G01）至点2，车削（G03）至点3，车削（G02）至点4，车削（G03）至点5，车削（G01）至点6。

③ 精车圆弧面、圆柱面的参考程序。

程序段		G03 X2 Z-1 R1;	（车削至点3）
T0101;		G02 X24.67 Z-10 R15;	（车削至点4）
M03 S1000;	（主轴正转，转速1 000 r/min）	G03 X28 Z-12 R2;	（车削至点5）
G00 Z0.5 X0;	（定位至点1）	G01 Z-33;	（车削至点6）
G01 Z0 F0.08;	（车削至点2）	G00 X100;	（退刀）
		Z100;	

3）粗车左端圆柱面。

① 粗车左端圆柱面的参考思路：用2号切槽刀（刀宽3 mm，左刀尖为刀位点）先车削宽槽至一定深度，再车削宽槽至粗车要求的尺寸，如图1-63所示。

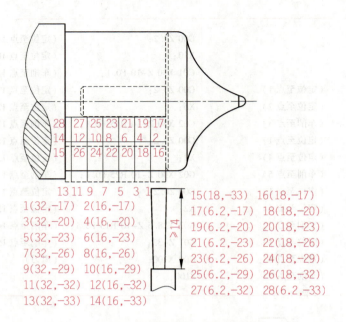

1(32,−17)	2(16,−17)
3(32,−20)	4(16,−20)
5(32,−23)	6(16,−23)
7(32,−26)	8(16,−26)
9(32,−29)	10(16,−29)
11(32,−32)	12(16,−32)
13(32,−33)	14(16,−33)
15(18,−33)	16(18,−17)
17(6.2,−17)	18(18,−20)
19(6.2,−20)	20(18,−23)
21(6.2,−23)	22(18,−26)
23(6.2,−26)	24(18,−29)
25(6.2,−29)	26(18,−32)
27(6.2,−32)	28(6.2,−33)

图 1−63 粗车左端圆柱面的轨迹和基点坐标值

② 粗车左端圆柱面的参考轨迹。

a. 径向车削第一个宽槽：

定位（G00）至点 1，车削（G01）至点 2，定位（G00）至点 1，定位（G00）至点 3，车削（G01）至点 4，定位（G00）至点 3，定位（G00）至点 5，车削（G01）至点 6，定位（G00）至点 5，定位（G00）至点 7，车削（G01）至点 8，定位（G00）至点 7，定位（G00）至点 9，车削（G01）至点 10，定位（G00）至点 9，定位（G00）至点 11，车削（G01）至点 12，定位（G00）至点 11，定位（G00）至点 13，车削（G01）至点 14，定位（G00）至点 15。

径向车削第一个宽槽的参考程序如下。

程序段		程序段	
T0202;		Z−26;	（定位至点 7）
M03 S400;	（主轴正转，转速 400 r/min）	G01 X16 F0.03;	（车削至点 8）
G00 X32;		G00 X32;	（定位至点 7）
Z−17;	（定位至点 1）	Z−29;	（定位至点 9）
G01 X16 F0.03;	（车削至点 2）	G01 X16 F0.03;	（车削至点 10）
G00 X32;	（定位至点 1）	G00 X32;	（定位至点 9）
Z−20;	（定位至点 3）	Z−32;	（定位至点 11）
G01 X16 F0.03;	（车削至点 4）	G01 X16 F0.03;	（车削至点 12）
G00 X32;	（定位至点 3）	G00 X32;	（定位至点 11）
Z−23;	（定位至点 5）	Z−33;	（定位至点 13）
G01 X16 F0.03;	（车削至点 6）	G01 X16 F0.03;	（车削至点 14）
G00 X32;	（定位至点 5）	G00 X18;	（定位至点 15）

b. 径向车削第二个宽槽：

定位（G00）至点 16，车削（G01）至点 17，定位（G00）至点 16，定位（G00）至点 18，车削（G01）至点 19，定位（G00）至点 18，定位（G00）至点 20，车削（G01）至点 21，定位（G00）至点 20，定位（G00）至点 22，车削（G01）至点 23，定位（G00）至点 22，定位（G00）至点 24，车削（G01）至点 25，定位（G00）至点 24，定位（G00）至点 26，车削（G01）至点 27，定位（G00）至点 26，定位（G00）至点 15，车削（G01）至点 28，定位（G00）至点 13。

径向车削第二个宽槽的参考程序如下。

程序段	
T0202;	
M03 S400;	（主轴正转，转速 400 r/min）
G00 Z-17;	（定位至点 16）
G01 X6.2 F0.03;	（车削至点 17）
G00 X18;	（定位至点 16）
Z-20;	（定位至点 18）
G01 X6.2 F0.03;	（车削至点 19）
G00 X18;	（定位至点 18）
Z-23;	（定位至点 20）
G01 X6.2 F0.03;	（车削至点 21）
G00 X18;	（定位至点 20）
Z-26;	（定位至点 22）
G01 X6.2 F0.03;	（车削至点 23）
G00 X18;	（定位至点 22）
Z-29;	（定位至点 24）
G01 X6.2 F0.03;	（车削至点 25）
G00 X18;	（定位至点 24）
Z-32;	（定位至点 26）
G01 X6.2 F0.03;	（车削至点 27）
G00 X18;	（定位至点 26）
Z-33;	（定位至点 15）
G01 X6.2 F0.03;	（车削至点 28）
G00 X32;	（定位至点 13）

4）精车左端圆柱面、倒角、切断。

① 精车左端圆柱面、倒角、切断的参考思路：用 2 号切槽刀（刀宽 3 mm，左刀尖为刀位点）沿轮廓车削，如图 1-64 所示。

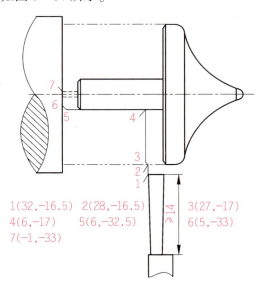

图 1-64　精车左端圆柱面、倒角、切断的轨迹和基点坐标值

② 精车左端圆柱面、倒角、切断的参考轨迹。定位（G00）至点 1，车削（G01）至点 2，车削（G01）至点 3，车削（G01）至点 4，车削（G01）至点 5，车削（G01）至点 6，车削（G01）至点 7，退刀（G00）。

③ 精车左端圆柱面、倒角、切断的参考程序如下。

程序段			
T0202；		X6；	（车削至点 4）
M03 S400；	（主轴正转，转速 400r/min）	Z-32.5；	（车削至点 5）
G00 X32；		X5 Z-33；	（定位至点 6）
Z-16.5；	（定位至点 1）	X-1；	（定位至点 7）
G01 X28 F0.03；	（车削至点 2）	G00 X100；	
X27 Z-17；	（车削至点 3）	Z100；	（退刀）

六、组合车削陀螺的程序段

组合车削陀螺的参考程序段，再增加程序名、准备阶段的内容、结束语句等，就组成了数控车削陀螺的参考程序。

O0003	
T0101；	准
M03 S600；	备
G99 F0.1；	阶
G00 X30 Z30；	段
Z0.2；	
G00 X26；	
G01 X30 Z-2 F0.1；	
G00 Z0.2；	
X22；	
G01 X30 Z-4 F0.1；	
G00 Z0.2；	
X18；	
G01 X30 Z-6 F0.1；	
G00 Z0.2；	粗车圆弧面、
X14；	圆柱面
G01 X30 Z-8 F0.1；	
G00 Z0.2；	
X10；	
G01 X30 Z-10 F0.1；	
G00 Z0.2；	
X6；	
G02 X30 Z-10 R45 F0.1；	
G00 Z0.2；	

X2； G02 X30 Z-10 R25 F0.1； G00 Z0.2； X2； G02 X28.5 Z-10 R15 F0.1； G01 Z-33；	粗车圆弧面、 圆柱面
G00 X100 Z100；	退刀
M03 S1000； G00 Z0.5； X0； G01 Z0 F0.08； G03 X2 Z-1 R1； G02 X24.67 Z-10 R15； G03 X28 Z-12 R2； G01 Z-33；	精车圆弧面 与圆柱面
G00 X100 Z100；	退刀
T0202； M03 S400； G00 X32；	粗车
T0202； M03 S400； G00 X32； Z-17； G01 X16 F0.03；G00 X32； Z-20； G01 X16 F0.03； G00 X32； Z-23； G01 X16 F0.03； G00 X32； Z-26； G01 X16 F0.03； G00 X32； Z-29； G01 X16 F0.03； G00 X32； Z-32； G01 X16 F0.03； G00 X32； Z-33； G01 X16 F0.03； G00 X18；	粗车左端 圆柱面

Z-17; G01 X6.2 F0.03; G00 X18; Z-20; G01 X6.2 F0.03; G00 X18; Z-23; G01 X6.2 F0.03; G00 X18; Z-26; G01 X6.2 F0.03; G00 X18; Z-29; G01 X6.2 F0.03; G00 X18; Z-32; G01 X6.2 F0.03; G00 X18; Z-33; G01 X6.2 F0.03;	粗车左端圆柱面
G00 X32; Z-16.5; G01 X28 F0.03; X27 Z-17; X6; Z-32.5; X5 Z-33; X-1;	精车左端圆柱面、倒角、切断
G00 X100; Z100;	退刀
M30（程序结束，并返回）	程序结束

加工后，经测量：若零件尺寸超出公差，可根据加工后零件的实际尺寸，调整程序中的 X 值和 Z 值。

任务实施

在实训基地的数控车工室，按照安全操作规程，加工工件：
（1）装夹毛坯。
（2）分别对刃磨好的车刀进行试切法对刀。
（3）输入并检查参考程序。
（4）单段运行参考程序，隔着防护窗观察刀具轨迹。

（5）完成实训任务书。

课后练习

1. 编写如图 1-65 所示零件的精车程序。
2. 编写如图 1-66 所示零件的车削程序。

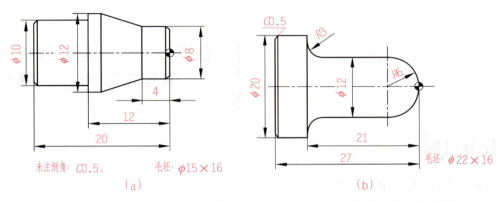

图 1-65 练习题 1 零件图

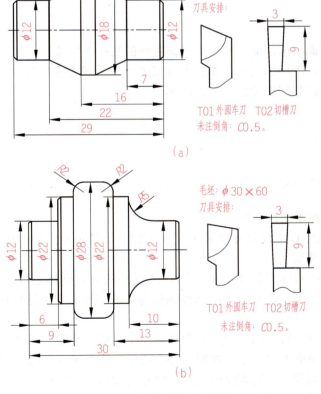

图 1-66 练习题 2 零件图

任务小结

本任务以加工陀螺为例，展现了数控车削该工件的主要过程。同学们要特别注意刀具轨迹的安排，积累粗车这类工件的经验，即粗车时，如何使刀具轨迹中的坐标点计算方便。

任务十一　运用 G32 代码编程车削内、外螺纹

任务目标

（1）认识 G32 代码的功能、轨迹、格式。
（2）运用 G32 代码编程车削内六角圆柱头螺栓的外螺纹。
（3）运用 G32 代码编程车削螺母中的内螺纹。

任务引入

前文讲解了端面、圆柱面、圆锥面、圆弧面的数控车削编程。那么，数控车床车削螺纹运用什么代码呢？怎样编程呢？本任务就安排了一个强大的车削螺纹的代码 G32。同学们在编程学习、数控车削中加强对它的理解。

知识链接

一、G32 代码的功能、刀具和编程轨迹思路

G32 代码即等螺距螺纹切削代码

（1）功能：执行 G32 代码可以采用直进法加工等螺距的圆柱螺纹、圆锥螺纹、端面螺纹和连续的多段螺纹。

（2）刀具轨迹：G32 代码下刀具的运动轨迹是从起点到终点的一条直线。从起点到终点位移量（X 轴按半径值）较大的坐标轴称为长轴，另一个坐标轴称为短轴，如图 1-67 所示。

运动过程中主轴每转一圈，长轴方向移动一个导程，短轴、长轴做直线插补；刀具切削工件时，在工件表面形成一条等螺距的螺旋切槽，实现等螺距螺纹的加工。

（3）编程轨迹思路：车削螺纹中的一次轨迹，如图 1-68 所示：虚线表示运用 G00 编写的程序段，细实线表示运用 G32 编写的程序段。

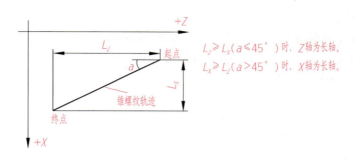

图 1-67　G32 代码车削螺纹的轨迹

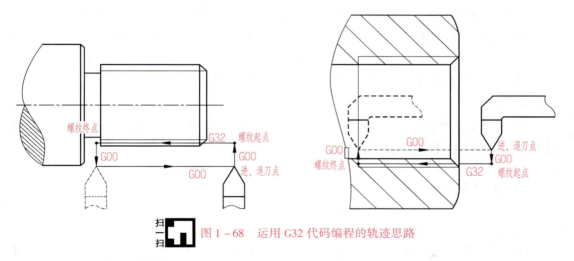

图 1-68　运用 G32 代码编程的轨迹思路

二、G32 代码的格式

G32　X(U)＿＿＿　Z(W)＿＿＿　F(I)＿＿＿　J＿＿＿　K＿＿＿　Q＿＿＿；

（1）F：指定螺纹导程，为主轴转一圈长轴方向的移动量。F 指定值执行后保持有效，直至再次执行给定螺纹螺距的 F 代码字。

（2）I：指定每英寸螺纹的牙数，为长轴方向 1 英寸（25.4 mm）长度上螺纹的牙数，也可理解为长轴移动 1 英寸时主轴旋转的圈数。I 指定值执行后保持有效，直至再次执行给定螺纹螺距的 I 代码字。公制输入、英制输入都表示每英寸螺纹的牙数，多使用于车削英制螺纹。

（3）J：螺纹退尾时在短轴方向的移动量（退尾量），带正负方向；如果短轴是 X 轴，该值为半径指定；J 值是模态参数。

（4）K：螺纹退尾时在长轴方向的长度。如果长轴是 X 轴，则该值为半径指定；不带方向；K 值是模态参数。

（5）Q：起始角；指主轴一转，信号与螺纹切削起点的偏移角度。取值范围 0～360 000（单位：0.001°）。Q 是非模态参数，每次使用都必须指定，如果不指定就认为是 0°。Q 使用规则：

① 如果不指定 Q，即默认起始角为 0°。

② 对于连续螺纹切削，除第一段的 Q 有效外，后面螺纹切削段指定的 Q 无效，即使

定义了 Q 也被忽略。

③ 由起始角定义分度形成的多头螺纹总头数不超过 65 535 头。

④ Q 的单位为 0.001°，若与主轴一转信号偏移 180°，程序中需输入 Q180000，如果输入的为 Q180 或 Q180.0，均认为是 0.18°。

三、G32 代码的说明和注意事项

1. 代码说明

（1）G32 为模态 G 代码。

（2）螺纹的导程是指主轴转一圈，长轴的位移量（X 轴位移量则按半径值）。

（3）起点和终点的 X 坐标值相同（不输入 X 或 U）时，进行直螺纹切削。

（4）起点和终点的 Z 坐标值相同（不输入 Z 或 W）时，进行端面螺纹切削。

（5）起点和终点 X、Z 坐标值都不相同时，进行锥螺纹切削。

2. 注意事项

（1）J、K 是模态代码。连续螺纹切削，下一程序段省略 J、K 时，按前面的 J、K 值进行退尾；在执行非螺纹切削代码时，取消 J、K 模态。

（2）省略 J 或 J、K 时，无退尾；省略 K 时，按 K = J 退尾。

（3）J = 0 或 J = 0、K = 0 时，无退尾。

（4）J≠0，K = 0 时，按 J = K 退尾。

（5）J = 0，K≠0 时，无退尾。

（6）当前程序段为螺纹切削，下一程序段也为螺纹切削，在下一程序段切削开始时不检测主轴位置编码器的一转信号，直接开始螺纹加工，此功能可实现连续螺纹加工。

（7）执行进给保持操作后，系统显示"暂停"，螺纹切削不停止，直到当前程序段执行完才停止运动。如为连续螺纹加工则执行完螺纹切削程序段才停止运动，程序运行暂停。

（8）在单段运行，执行完当前程序段停止运动，如为连续螺纹加工则执行完螺纹切削程序段才停止运动。

（9）系统复位、急停或驱动报警时，螺纹切削减速停止。

四、数控车削任务 1：车削内六角圆柱头螺钉的螺纹部分

数控车削如图 1 - 69 所示零件的螺纹部分，毛坯为 φ20 mm × 45 mm 的 45 钢。

（一）分析图样

此内六角圆柱头螺栓的尺寸精度：φ18 mm、φ12 mm、28 mm、20 mm、15 mm 均为自由公差，螺纹为 M12 的粗牙普通三角螺纹。倒角 C1、C0.5。形位精度：没有要求。无其他技术要求。

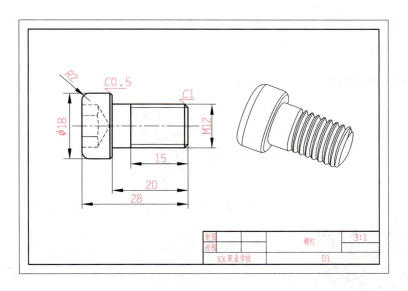

图1-69 内六角圆柱头螺钉的零件图

1. 普通外螺纹的尺寸计算

普通螺纹有粗牙螺纹和细牙螺纹。

（1）粗牙螺纹：螺距 P 只有一个，一般不标注，查表可知其螺距；例如M16，无标注，查表1-3知：螺距 $P=2$。粗牙螺纹一般用于普通的螺纹连接中，承受较大的拉力及冲击力。

（2）细牙螺纹：螺距有多种，使用时需在图纸中标明，例如 M16×1.5，螺距就是1.5 mm。细牙螺纹主要用于需要密封、需要防松、需要微调等场合。

（3）尺寸计算：外螺纹大径(d) = 公称直径(D)

$$中径直径(d_2) = D - 0.6495 \times P(螺距) \approx D - 0.65 \times P$$

$$螺纹牙高\ h \approx 0.65 \times P$$

$$外螺纹小径(d_1) = d - 2h \approx d - 1.3 \times P$$

表1-3 常用的普通三角螺纹（粗牙）直径与螺距的关系　　　　mm

直径	6	8	10	12	14	16	18	20	22	24	27
螺距	1	1.25	1.5	1.75	2	2	2.5	2.5	2.5	3	3

2. 外螺纹车刀的安装

外螺纹车刀的安装如图1-70所示。

（1）安装车刀时，刀尖应尽量与工件旋转中心等高；为了避免高速车削时产生振动和扎刀，外螺纹车刀刀尖也可以高出工件旋转中心 0.1～0.2 mm。

（2）为了确保螺纹车刀刀尖角的对称中心线与工件轴线垂直，安装螺纹车刀时用样板校准车刀的位置。

(3) 螺纹车刀刀头伸出刀架不宜过长,一般伸出长度为刀柄高度的 1~1.5 倍。

(二) 选择机床、刀具和夹具

(1) 选择 GSK980TDb 系统的数控车床。

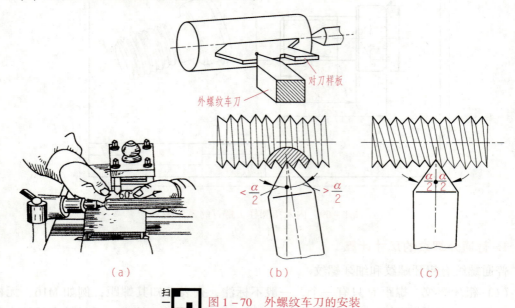

图 1-70 外螺纹车刀的安装
(a) 用样板校对刀型与工件垂直;(b) 刀具装歪;(c) 刀尖齿形对称并垂直

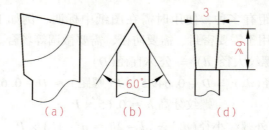

图 1-71 刀具的安排
(a) T01 外圆车刀;(b) T02 外螺纹车刀;(c) T03 切槽刀

(2) 根据材料的加工特性选择硬质合金刀具(YT15)。
(3) 刀具的安排如图 1-71 所示。
(4) 夹具:三爪卡盘。

(三) 选择车削用量

(1) a_p。
① 车削外圆:粗车三刀,留精车余量 0.5 mm(直径)。
② 车削螺纹:可参考表 1-4 进行。

表 1-4 螺纹切削次数及背吃刀量

普通螺纹 牙深 = 0.649 5 × P（P 为螺距）							
螺距	1.0	1.5	2.0	2.5	3.0	3.5	4.0
牙深	0.64	0.97	1.29	1.62	1.94	2.27	2.59
走刀次数和背吃刀量 1次	0.7	0.8	0.9	1.0	1.2	1.5	1.5
2次	0.4	0.6	0.6	0.7	0.7	0.7	0.8
3次	0.2	0.4	0.6	0.6	0.6	0.6	0.6
4次		0.16	0.4	0.4	0.4	0.6	0.6
5次			0.1	0.4	0.4	0.4	0.4
6次				0.15	0.4	0.4	0.4
7次					0.2	0.4	0.4
8次						0.15	0.3
9次							0.2

③ 切槽：背吃刀量为切槽刀的主切削刃刀宽。

（2）v_c：转变为转速 n，n 暂定为 400 r/min。

（3）v_f：螺纹螺距值 1.75（单位 mm/r）。

（四）设定编程原点

将工件旋转中心与工件右端面交点处设定为编程原点。

（五）螺栓的加工步骤与车削外螺纹的参考程序

1. 加工步骤

车端面→粗车外圆→精车外圆→车削螺纹→倒圆角→切断。

2. 车削外螺纹的参考程序

精车外圆结束后，车削螺纹。

注意：因为螺纹刀会将材料向外挤出，所以加工螺纹前的轴径比螺纹顶径小 0.1 ~ 0.2 mm。

这里只给出车削螺纹的参考程序。其余的加工程序，自己编写。

查表 1-3 知：粗牙螺纹 M12 的螺距 $P = 1.75$ mm，则 G32 代码中的 F 为 F1.75。

外螺纹小径：$d_1 = d - 2h \approx d - 1.3 \times P = 9.725$（mm）

程序段	G00 Z4；
T0202；	G00 X10.2；
（调用 2 号螺纹车刀及 2 号刀补值）	G32 Z-15 F1.75；
G00 X100 Z100；	G00 X13；
M03 S400 G99；	G00 Z4；
（主轴正转，转速 400 r/min）	G00 X10；

G00 X13 Z4;	G32 Z-15 F1.75;
G00 X11.4;	G00 X13;
G32 Z-15 F1.75;	G00 Z4;
G00 X13;	G00 X9.8;
G00 Z4;	G32 Z-15 F1.75;
G00 X11;	G00 X13;
G32 Z-15 F1.75;	G00 Z4;
G00 X13;	G00 X9.72;
G00 Z4;	G32 Z-15 F1.75;
G00 X10.6;	G00 X100;
G32 Z-15 F1.75;	Z100;
G00 X13;	M30;

五、数控车削任务2：车削螺母的螺纹部分

数控车削如图1-72所示零件的螺纹部分，毛坯为 $\phi32$ mm × 18 mm 的45钢。

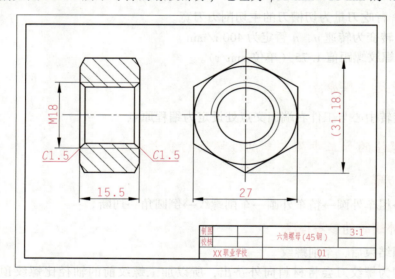

图1-72 螺母的零件图

(一) 分析图样

此图零件尺寸精度均为自由公差，螺纹为M18的粗牙普通三角螺纹，倒角C1.5。形位精度：没有要求。无其他技术要求。

1. 普通螺纹的尺寸计算

尺寸计算：内螺纹大径(D) = 公称直径

中径直径 $D_2 = D - 0.6495 \times P$(螺距) $\approx D - 0.65 \times P$

螺纹牙高 $h \approx 0.65 \times P$

内螺纹小径 $D_1 = D - 2h \approx D - 1.3 \times P$

一般实际车削内螺纹时，先钻底孔。内螺纹的底孔直径：钢和塑性材料，可由 $D_{底孔} = D - P$ 计算；铸铁和脆性材料，可由 $D_{底孔} = D - (1.05 \sim 1.1)P$ 计算。

2. 内螺纹车刀的安装

内螺纹车刀的安装如图 1-73 所示。

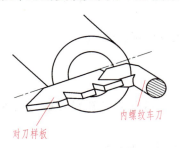

 图 1-73 内螺纹车刀的安装

（1）内螺纹车刀刀柄的伸出长度应大于内螺纹长度 10~20 mm。

（2）为了确保内螺纹车刀刀尖角的对称中心线与工件轴线垂直，安装螺纹车刀时用样板校准车刀的位置。将螺纹对刀样板侧面靠平工件端面，刀尖部分进入样板的槽内进行对刀，同时调整并夹紧内螺纹刀。

（3）刀尖应与工件轴线等高。如果装得过高，车削时容易产生振动；如果装得过低，刀头下部会与工件发生摩擦，甚至切不进孔中。

（4）安装好的内螺纹车刀应在孔底内手动试走一次，以防止车削时刀柄和内孔相撞。

（二）选择机床、刀具和夹具

（1）选择 GSK980TDb 系统的数控车床。

（2）根据材料的加工特性选择硬质合金刀具（YT15）。

（3）刀具的安排如图 1-74 所示。

（4）夹具：三爪卡盘。

（三）选择车削用量

（1）a_p：车螺纹：参考表 1-4 进行。

（2）v_c：转变为转速 n，n 暂定为 400 r/min。

（3）v_f：螺纹螺距值 2.5（单位：mm/r）。

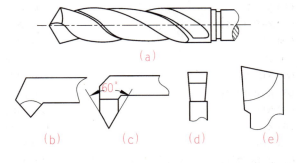

图 1-74 刀具的安排
(a) 麻花钻；(b) T02 内孔车刀；(c) T01 内螺纹车刀；
(d) T03 切槽刀；(e) T04 外圆车刀

（四）设定编程原点

工件旋转中心与工件右端面交点处，设定为编程原点。

(五) 螺栓的加工步骤与车削内螺纹的参考程序

1. 螺栓的加工步骤

车端面→车外圆至 $\phi 31.2$ mm→外圆倒角→用 $\phi 15$ mm 的麻花钻钻通孔→车通孔至 $\phi 15.7$ mm→孔口倒角→车削内螺纹。

调头装夹→车端面，保证总长 15.5 mm→外圆倒角→孔口倒角。

2. 车削内螺纹的参考程序

精车内孔结束后，车削内螺纹。

注意：因为螺纹刀会将材料向外挤出，因此加工螺纹前的孔径比螺纹顶径大 0.1 ~ 0.2 mm。

这里只给出车削螺纹的参考程序。其余的加工程序，自己编写。

查表 1-3 知：粗牙螺纹 M18 的螺距 $P = 2.5$ mm，则 G32 代码中的 F 为 F2.5。

程序段：

```
T0101;
(调用1号螺纹车刀及1号刀补值)
G00 X100 Z100;
M03 S400 G99;
(主轴正转，转速 400 r/min)
G00 X14 Z5;
G00 X15;
G32 Z-16 F2.5;
G00 X14;
G00 Z5;
G00 X15.7;
G32 Z-16 F2.5;
G00 X14;
G00 Z5;
G00 X16.2;
G32 Z-16 F2.5;
G00 X14;
G00 Z5;
G00 X16.6;
G32 Z-16 F2.5;
G00 X14;
G00 Z5;
G00 X17;
G32 Z-16 F2.5;
G00 X14;
G00 Z5;
G00 X17.4;
G32 Z-16 F2.5;
G00 X14;
G00 Z5;
G00 X17.6;
G32 Z-16 F2.5;
G00 X14;
G00 Z5;
G00 X17.8;
G32 Z-16 F2.5;
G00 X14;
G00 Z5;
G00 X17.9;
G32 Z-16 F2.5;
G00 X14;
G00 Z5;
G00 X18;
G32 Z-16 F2.5;
G00 X14;
G00 Z5;
G00 X18;
G32 Z-16 F2.5;
G00 X14;
Z100;
M30;
```

加工后，经测量，若零件尺寸超出公差，可根据加工后零件的实际尺寸，调整程序中

的 X 值和 Z 值。

任务实施

在实训基地的数控车工室，按照安全操作规程，加工该工件：
（1）装夹毛坯。
（2）分别对刃磨好的车刀进行试切法对刀。
（3）输入并检查参考程序。
（4）单段运行参考程序，隔着防护窗观察刀具轨迹。
（5）完成实训任务书。

课后练习

1. 编写如图 1-75 所示零件的螺纹车削程序。

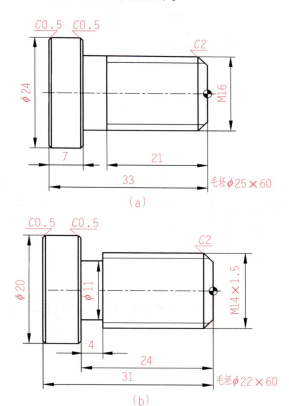

图 1-75　练习题 1 零件图

2. 编写如图 1-76 所示零件的车削程序。

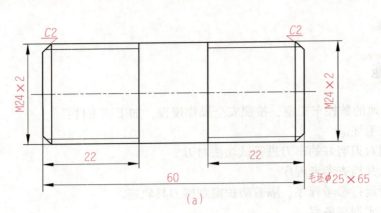

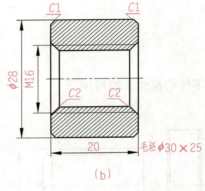

图 1-76 练习题 2 零件图

任务小结

本任务以运用 G32 代码编程车削普通三角螺纹为例,展现了 G32 代码的简单运用。车削普通三角螺纹,虽然运用 G32 代码编程较烦琐,但 G32 代码在车削螺纹、螺旋槽等方面的应用非常广泛。同学们对其完整格式要有深入的理解,为今后编程车削各种螺纹、螺旋槽奠定基础。

任务十二　调用子程序车削外沟槽

任务目标

(1) 了解子程序,理解子程序的格式及调用。
(2) 运用子程序编程车削单个外沟槽。
(3) 运用子程序编程车削多排等距外沟槽。

任务引入

在编制车削程序中,有时会遇到一组程序段在一个程序中多次出现,或者在几个程序中都要使用它。那么,怎样来简化这样的程序呢?可以将这个多次出现的程序,做成固定程序;需要的时候就调用它。这样,子程序就应运而生了。运用子程序可简化了一些烦琐的程序段,让编程更方便、更简洁。

知识链接

一、子程序和子程序嵌套

机床加工程序可分为主程序和子程序两种。
（1）主程序：一个完整的零件加工程序,或是零件加工程序的主体部分。
（2）子程序：在编制加工程序中,有时会遇到一组程序段在一个程序中多次出现,或者在几个程序中都要使用它,这个典型的加工程序可以做成固定程序,并单独加以命名,这组程序段就为子程序。
（3）子程序嵌套：为了进一步简化程序,可以让子程序调用另一个子程序,这一功能称为子程序的嵌套。GSK980TDb系统中,子程序可嵌套四级,如图1-77所示。

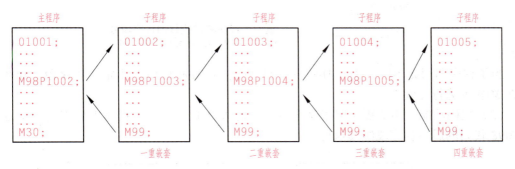

图1-77 子程序的嵌套

二、子程序的格式及其调用和返回

1. 子程序的格式

在GSK980TDb系统中,子程序和主程序并无本质区别,结束标记有所不同。主程序用M02或M30表示结束,而子程序则用M99表示结束,并实现自动返回主程序的功能。
格式如下：
O0100;（子程序名）
G01 W-2;
……

M99；（子程序结束，并自动返回主程序）

2. 子程序的调用

在 GSK980TDb 系统中，子程序的调用可通过辅助功能代码 M98 指令进行，且在调用格式中，将子程序的程序号地址改为 P。

（1）代码格式。

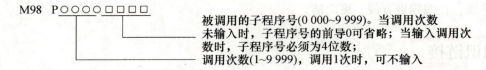

例如：M98 P50020 表示调用的子程序号为 0020，调用次数 5 次；M98 P0030 表示调用的子程序号为 0030，调用的次数为 1 次。每调用一次子程序，则需要返回到主程序；如果子程序没有调用完毕，再执行下一次调用子程序。

（2）代码功能。在自动方式下，执行 M98 代码时，当前程序段的其他代码执行完成后，计算机数控装置去调用、执行 P 指定的子程序，子程序最多可执行 9 999 次。M98 代码在 MDI（手动数据输入方式，按这个键就进入录入方式）下运行无效。

3. 子程序的返回

（1）代码格式。

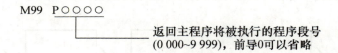

当子程序调用完毕后，执行 M99 下一程序段，或 M99 后由 P 指定的程序段。M99 代码在 MDI 下运行无效。

（2）代码功能。当子程序调用完毕后，未输入 P 时，返回主程序中调用当前子程序的 M98 代码的后一程序段继续执行。

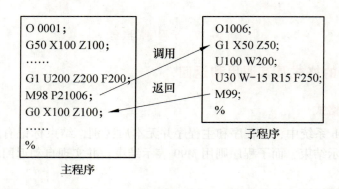

子程序中当前程序段的其他代码执行完成后，返回主程序中由 P 指定的程序段继续执行。

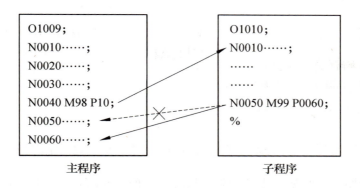

三、数控车削任务 1：运用子程序编程加工单个沟槽

数控车削如图 1-78 所示零件的外沟槽部分，毛坯为 φ30 mm×45 mm 的 45 钢。

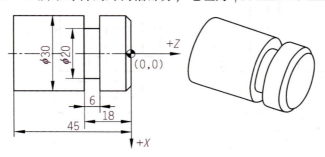

图 1-78　单个外沟槽图

1. 准备阶段

（1）装夹方式：三爪卡盘。

（2）刀具：切槽刀（1 号刀，刀宽 4 mm，硬质合金材料，左刀尖为刀位点）。

（3）量具：0～150 mm 游标卡尺。

2. 编程参考思路和刀具参考轨迹

（1）思路：切槽宽度 6 mm，切槽刀宽度 4 mm，需要左、右进刀。为了减少刀具磨损，需要采用分层切削加工的方法。

（2）轨迹：增量编程，采用"定位→径向车削→径向退刀→轴向右定位→径向车削→轴向左移平整槽底→径向退刀"，如此反复完成槽的加工。

3. 编写参考程序

主程序		
O0004	M98 P50005;	
T0101;	（调用子程序，子程序号为 O0005，调用 5 次）	
M03 S400 G99;	G01 X32 F0.2;	（径向退刀）
G00 X32 Z1;	G00 X100;	
（快速定位到工件的右端）	Z100;	（退刀）
Z-18;	M05;	（主轴停转）
（快速定位至切槽轴向位置）	M30;	（程序结束）
G01 X30 F0.2;		
（径向车削至毛坯表面）		

子程序（增量编程）	W2; （轴向右移 2 mm，定位）
O0005	G01 U-2.5 F0.03; （径向车削，直径减小 2.5 mm）
G01 U-2 F0.03; （径向车削，直径减小 2 mm）	W-2; （轴向左移 2 mm，平整槽底）
G01 U2.5 F0.1; （径向退刀，直径增加 2.5 mm）	M99;

四、数控车削任务 2：运用子程序编程加工多排等距外沟槽

数控车削如图 1-79 所示零件的外沟槽部分，槽宽 6 mm，毛坯为 φ30 mm × 100 mm 的 45 钢。

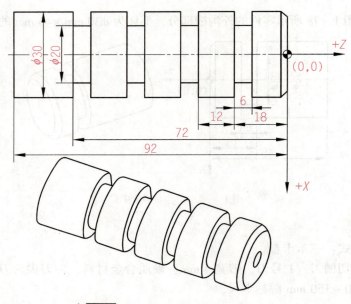

图 1-79 多排等距外沟槽图

1. 准备阶段

（1）装夹方式：一夹一顶。
（2）刀具：切槽刀（1 号刀，刀宽 4 mm，硬质合金材料，左刀尖为刀位点）。
（3）量具：0～150 mm 游标卡尺。

2. 编程参考思路和刀具参考轨迹

（1）思路：切槽宽度 6 mm，切槽刀宽度 4 mm，需要左、右进刀。为了减少刀具磨损，需要采用分层切削加工的方法。
（2）轨迹：增量编程，采用"定位→径向车削→径向退刀→轴向右定位→径向车削→轴向左移平整槽底→径向退刀"，如此反复完成一个沟槽的加工；然后 Z 向移动，进行第二个槽的加工，如此反复，最终完成整个零件的外沟槽的加工。

3. 编写程序

主程序 O0006 T0101； M03 S400 G99； G00 X32 Z1；　　（快速定位到工件的右端） Z0；　　　　　　（快速定位至切槽轴向位置） M98 P40007；	（调用一级子程序，子程序号为0007，调用4次） G01 X32 F0.2；　　（径向退刀） G00 X100； Z100；　　　　　（退刀） M05；　　　　　　（主轴停转） M30；　　　　　　（程序结束）
一级子程序 O0007 G01 W-18 F0.2；　　（轴向左移18 mm） M98 P60008；	（调用二级子程序，子程序号为0008，调用6次） G01 X32 F0.2； M99；
二级子程序 O0008 G01 U-2 F0.03；　（径向车削，直径减小2 mm） G01 U2.5 F0.1；　（径向退刀，直径增加2.5 mm）	W2；　　　　　　　（轴向右移2 mm，定位） G01 U-2.5 F0.03；（径向车削，直径减小2.5 mm） W-2；　　　　　（轴向左移2 mm，平整槽底） M99；

子程序有很多运用场合，后面我们还有相应的加工案例。

任务实施

在实训基地的数控车工室，按照安全操作规程，加工该工件：
（1）装夹毛坯。
（2）分别对刃磨好的车刀进行试切法对刀。
（3）输入并检查参考程序。
（4）单段运行参考程序，隔着防护窗观察刀具轨迹。
（5）完成实训任务书。

课后练习

1. 什么是主程序？什么是子程序？什么是子程序嵌套？
2. 子程序的格式是怎样的？怎么调用？怎么返回主程序？
3. 运用调用子程序的方法编写如图1-80所示零件的车削程序。

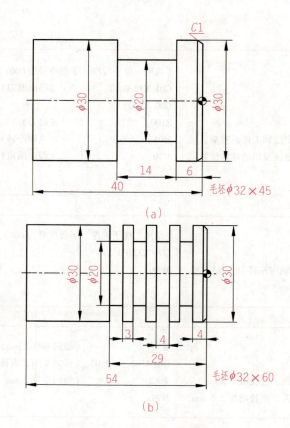

图 1-80 练习题 3 零件图

任务小结

本任务主要涉及运用子程序编程。通常子程序是通过增量编程，实现车削工件的轨迹，因此，安排刀具轨迹是子程序编程的关键，采用增量编程是子程序编程的核心。同学们要注意这种思维方式的转变，只要多练习、多思考、多总结，就一定会将子程序编程运用得灵活自如。

第二篇　循环代码篇

概述：通过加工基础篇的学习，同学们能运用常用的 G 代码编程车削零件。但是，编写一个完整的数控车削零件的程序太烦琐了。有同学看到那长篇的程序段，感觉数控编程很复杂。数控系统研发人员，开发了循环代码，以缩短程序的长度，减少程序所占的内存。

本篇为循环代码篇，顾名思义，循环代码能实现循环加工。运用循环代码按照一定的方式循环加工，这让车削余量较大的工件的程序变得简洁，同时也缩短了编程时间。本篇主要涉及 GSK980TDb 系统常用的循环代码：轴向切削循环代码 G90、径向切削循环代码 G94、螺纹切削循环代码 G92、轴向粗车循环代码 G71、精加工循环代码 G70、径向粗车循环代码 G72、封闭（仿形）车削循环代码 G73、轴向切槽多重循环代码 G74、径向切槽多重循环代码 G75、多重螺纹切削循环代码 G76。

任务一　掌握 G90 代码的功能、格式和循环轨迹

任务目标

（1）认识 G90 代码的功能和循环轨迹。
（2）记住 G90 代码的格式。
（3）运用 G90 代码编程车削单一圆柱面。
（4）理解尺寸精度控制的方法。

任务引入

循环代码能实现循环加工，可是它是怎样循环加工的呢？本任务为同学们安排了常用于车削圆柱面、圆锥面的轴向切削循环代码 G90。同学们需要重点关注的是 G90 代码的格式和循环轨迹。

知识链接

一、G90 代码的功能和格式

1. 代码功能

轴向切削循环代码 G90，是从车削点开始，进行径向（X 轴）进刀、轴向（Z 轴或

X、Z 轴同时）车削、径向（X 轴）车削退刀、轴向（Z 轴）退刀，从而实现圆柱面或圆锥面车削循环。

2. 代码常用格式

（1）圆柱车削：

G90 X(U) __ Z(W) __ F __；（第一次车削循环）

X(U) ____；（第二次车削循环）

X(U) ____；（第三次车削循环）

……　（第 n 次车削循环）

（2）圆锥车削：

G90 X(U) __ Z(W) __ R __ F __；（第一次车削循环）

R ____；（第二次循环）

R ____；（第三次循环）

……　（第 n 次循环）

3. 代码说明

G90 为模态代码。

车削起点：直线插补（车削进给）的起始位置。

车削终点：直线插补（车削进给）的结束位置。

X：车削终点 X 轴绝对坐标。

Z：车削终点 Z 轴绝对坐标。

U：车削终点与起点的 X 轴绝对坐标的差值。

W：车削终点与起点的 Z 轴绝对坐标的差值。

R：圆锥部分的车削起点与圆锥部分的车削终点的 X 轴绝对坐标的差值（半径值），带方向，当 R 与 U 的符号不一致时，要求 $|R| \leq |U/2|$；$R=0$ 或默认输入时，进行圆柱车削；否则进行圆锥车削。

F：车削进给速度。

二、G90 代码的循环轨迹

1. G90 代码的圆柱车削循环轨迹

（1）G90 代码的单次循环轨迹，如图 2-1 所示。

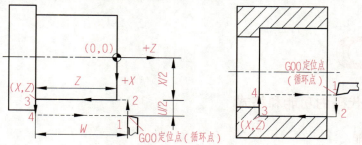

图 2-1　G90 代码的单次循环轨迹

快速定位至点 1 后，快速定位至点 2，车削至点 3，车削至点 4，快速定位至点 1，此为一次循环。

格式：G90 X__ Z__ F__；（X、Z 后面的值为点 3 的坐标值）

（2）G90 代码的多次循环轨迹，如图 2-2 所示。

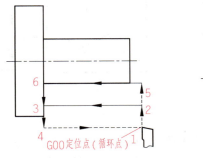 

图 2-2　G90 代码的多次循环轨迹

快速定位至点 1 后，快速定位至点 2，车削至点 3，车削至点 4，快速定位至点 1，此为第一次循环；快速定位至点 5，车削至点 6，车削至点 4，快速定位至点 1，此为第二次循环。

格式：G90 X__ Z__ F__；（X、Z 后面的值为点 3 的坐标值）

X__；（X、Z 后面的值为点 6 的坐标值，点 6 的 Z 值与点 3 的 Z 值相同，可省略）

2. G90 代码的圆锥车削循环轨迹

（1）G90 代码的单次循环轨迹，如图 2-3 所示。

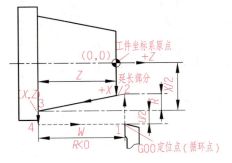 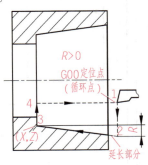

图 2-3　G90 代码的单次循环轨迹

快速定位至点 1 后，快速定位至点 2，车削至点 3，车削至点 4，快速定位至点 1，此为一次循环。

格式：G90 X__ Z__ R__ F__；[X、Z 后面的值为点 3 的坐标值，R 为圆锥部分的车削起点与圆锥部分的车削终点的 X 轴绝对坐标的差值（半径值），带方向]

（2）G90 代码的多次循环轨迹，如图 2-4 所示。

快速定位至点 1 后，快速定位至点 2，车削至点 3，车削至点 4，快速定位至点 1，此为第一次循环；快速定位至点 5，车削至点 3，车削至点 4，快速定位至点 1，此为第二次循环。

格式：G90 X__ Z__ R__ F__；[X、Z 后面的值为点 3 的坐标值，R 为第一个圆锥

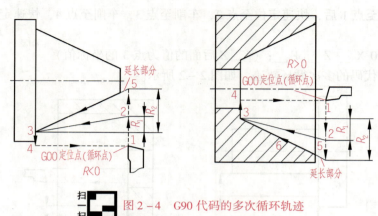

图 2-4 G90 代码的多次循环轨迹

部分的车削起点与圆锥部分的车削终点的 X 轴绝对坐标的差值（半径值），带方向］；

R __；［R 为第二个圆锥部分的车削起点与圆锥部分的车削终点的 X 轴绝对坐标的差值（半径值），带方向］

三、数控车削任务

数控车削如图 2-5 所示的零件，毛坯为 $\phi 45\ \text{mm} \times 75\ \text{mm}$ 的 45 钢。

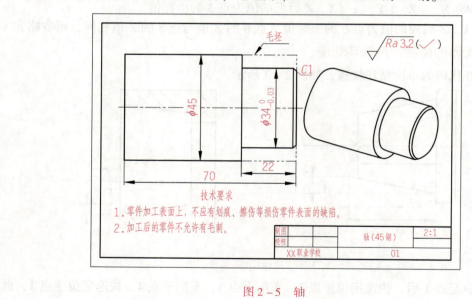

图 2-5 轴

1. 分析零件精度

此零件图要求的表面粗糙度 Ra 不大于 3.2 μm。尺寸精度：$\phi 34_{-0.03}^{0}$ mm、22 mm，倒角 C1。形位精度：没有要求。无其他技术要求。

2. 选择机床、刀具和夹具

(1) 选择 GSK980TDb 系统的数控车床。

(2) 根据材料的加工特性选择硬质合金刀具（YT15）。

(3) 刀具安排：外圆粗车刀 T02、外圆精车刀 T01。

(4) 夹具：三爪卡盘。

3. 选择车削用量

(1) a_p：粗车背吃刀量 1 mm。粗车最后一刀，留精车余量 0.6 mm。

(2) v_c：转变为转速 n，n 暂定为 800~1 200 r/min。

(3) f：暂定为 0.08~0.1 mm/r。

4. 设定编程原点

工件旋转中心与工件右端面交点处，设定为编程原点。

5. 设计加工轨迹、确定基点坐标

(1) 粗车外圆。

① 粗车外圆参考思路。运用 G90 代码的圆柱车削循环轨迹粗车，留精车余量 0.6 mm，如图 2-6 所示。

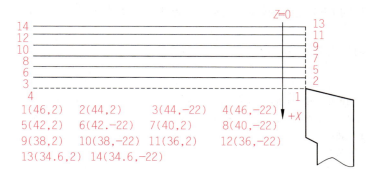

图 2-6　粗车外圆参考轨迹及坐标值

② 粗车外圆的 G90 代码的轨迹。

定位至点 1 后，定位至点 2，车削至点 3，车削至点 4，定位至点 1，此为第一次 G90 圆柱车削循环；

定位至点 5，车削至点 6，车削至点 4，定位至点 1，此为第二次 G90 圆柱车削循环；

定位至点 7，车削至点 8，车削至点 4，定位至点 1，此为第三次 G90 圆柱车削循环；

定位至点 9，车削至点 10，车削至点 4，定位至点 1，此为第四次 G90 圆柱车削循环；

定位至点 11，车削至点 12，车削至点 4，定位至点 1，此为第五次 G90 圆柱车削循环；

定位至点 13，车削至点 14，车削至点 4，定位至点 1。

③ 粗车外圆的参考程序。

程序段	
G00 X46 Z2; 　　　　　　（定位到循环点 1）	X40;　　　　　　（外圆车至 φ40 mm）
G90 X44 Z-22 F0.1;	X38;　　　　　　（外圆车至 φ38 mm）
（外圆车至 φ44 mm，进给速度 0.1 mm/r）	X36;　　　　　　（外圆车至 φ36 mm）
X42;　　　　　　（外圆车至 φ42 mm）	X34.6;　　　　　（外圆车至 φ34.6 mm）
	G00 X100 Z100;　（退刀）

(2) 精车外圆。

① 精车外圆参考思路。精车外圆轨迹及坐标值,如图 2-7 所示。

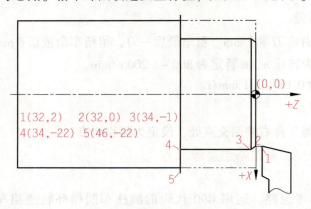

图 2-7　精车外圆轨迹及坐标值

② 精车外圆的 G90 代码的轨迹:定位至点 1 后:车削至点 2,车削至点 3,车削至点 4,车削至点 5。

③ 精车外圆的参考程序。

程序段		X34 Z-1;	(车削至点 3)
M03 S1200;	(主轴正转,转速 1 200 r/min)	Z-22;	(车削至点 4)
T0101;	(调用 1 号外圆精车刀及 1 号刀补值)	X46;	(车削至点 5)
G00 X32 Z2;	(定位到点 1)	G00 X100 Z100;	(退刀)
G01 Z0 F0.08;	(车削至点 2)		

6. 组合车削圆柱面的参考程序段

组合车削圆柱面的参考程序段,再增加程序名、准备阶段的内容、结束语句等,就组成了数控车削圆柱面的参考程序。

O0010	程序名(字母"O"开头)	
T0202;	(调用 2 号外圆粗车刀及 2 号刀补值)	准备阶段
G00 X100 Z100;	(将车刀定位到安全位置)	
M03 S800 G99;	(主轴正转,转速 800 r/min,选用每转进给)	
G00 X46 Z2;	(定位到循环点 1)	粗车外圆
G90 X44 Z-22 F0.1;	(外圆车至 $\phi 44$ mm,进给速度 0.1 mm/r)	
X42;	(外圆车至 $\phi 42$ mm)	
X40;	(外圆车至 $\phi 40$ mm)	
X38;	(外圆车至 $\phi 38$ mm)	
X36;	(外圆车至 $\phi 36$ mm)	
X34.6;	(外圆车至 $\phi 34.6$ mm)	
G00 X100 Z100;	(退至换刀点)	
M05;	(主轴停止)	
M00;	(程序暂停)	

M03 S1200；	（主轴正转，转速 1 200 r/min）	精车外圆
T0101；	（调用 1 号外圆精车刀及 1 号刀补值）	
G00 X32 Z2；		
G01 Z0 F0.08；		
X34 Z-1；		
Z-22；		
X46；		
G00 X100 Z100；	（定位到 X100，Z100）	退刀
M30	（程序结束并返回）	程序结束

7. 尺寸的精度控制

对于 $\phi 34_{-0.03}^{0}$ mm×22 mm 的尺寸，保证尺寸精度的方法如下：

一般将 T01 设定为外圆精车刀，T02 设定为外圆粗车刀。当这两把车刀对刀完成后、加工之前，按"刀补"键进入刀补表界面，将光标移动到刀补表 01 号的下方，在 X 轴方向输入 "U0.6"；然后将光标移动到刀补表 02 号的下方，在 X 轴方向输入 "U0.6"。

运行程序自动加工，精车结束后，测量外径。外径尺寸最终要求为 $\phi 34_{-0.03}^{0}$ mm。

若经测量得外径尺寸为 $\phi 34.25$ mm。我们选取 $\phi 33.99$ mm 作为理想尺寸，（34.25 - 33.99）= 0.26，比 $\phi 33.99$ mm 尺寸大了 0.26 mm，则将光标移动到刀补表 02 号（精车刀 T0202）的下方，在 X 轴方向输入 "U-0.26"；然后将光标移动到刀补表 01 号的下方，也在 X 轴方向输入 "U-0.26"，完成精度的控制。最后运行精车程序，检验工件。

若经测量得外径尺寸为 $\phi 34.72$ mm。我们选取 $\phi 33.99$ mm 作为理想尺寸，（34.72 - 33.99）= 0.73，比 $\phi 33.99$ mm 尺寸大 0.73 mm，则将光标移动到刀补表 02 号（精车刀 T0202）的下方，在 X 轴方向输入 "U-0.73"；然后将光标移动到刀补表 01 号的下方，也在 X 轴方向输入 "U-0.73"，完成精度的控制。最后运行精车程序，检验工件。

若测量的数值小于 $\phi 33.97$ mm，则工件报废。

对于 22 mm 的长度尺寸要求不高，一般是在 Z 轴方向对刀时，使得 Z 轴方向对刀尽量精确，一般就能保证长度尺寸。

任务实施

在实训基地的数控车工室，按照安全操作规程，加工该工件：
（1）装夹毛坯。
（2）分别对刃磨好的车刀进行试切法对刀。
（3）输入并检查参考程序。
（4）单段运行参考程序，隔着防护窗观察刀具轨迹。
（5）完成实训任务书。

课后练习

1. G90 代码有什么功能？格式是怎样的？
2. G90 代码的圆柱车削循环轨迹是怎样的？
3. G90 代码的圆锥车削循环轨迹是怎样的？
4. 尺寸的精度怎么控制？
5. 运用 G90 代码编写如图 2-8 所示零件的车削程序。

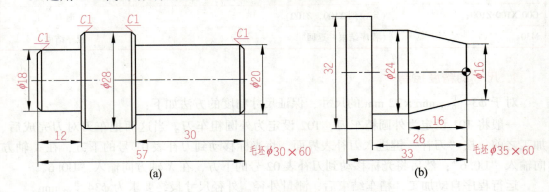

图 2-8 练习题 5 零件图

任务小结

本任务安排了车削圆柱面、圆锥面的轴向切削循环代码 G90，展现了 G90 循环代码包含的循环路径。同学们要记住 G90 的格式：

① 圆柱车削：

G90 X(U) __ Z(W) __ F __ ；（第一次车削循环）

X(U) ____ ；（第二次车削循环）

X(U) ____ ；（第三次车削循环）

……　（第 n 次车削循环）

② 圆锥车削：

G90 X(U) __ Z(W) __ R __ F __ ；（第一次车削循环）

R ____ ；（第二次循环）

R ____ ；（第三次循环）

……　（第 n 次循环）

在任务实施中，同学们要加强运用。

任务二　运用 G90 代码编程车阶梯轴

任务目标

（1）运用 G90 代码编程车削阶梯轴。
（2）积累 G90 编程车削阶梯轴的经验。

任务引入

本任务安排了运用 G90 代码编程车削阶梯轴的案例。同学们要特别注意车削阶梯轴的加工步骤以及车削中的刀具轨迹；积累运用 G90 编程的经验；也为学习其他单一型固定循环代码归纳学习方法。

数控车削任务：

数控车削如图 2-9 所示零件，毛坯为 φ35 mm×55 mm 的 45 钢。

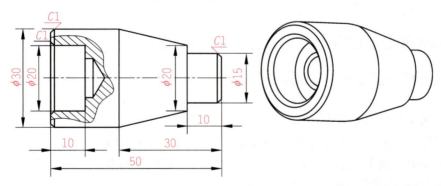

图 2-9　阶梯轴的零件图

知识链接

一、分析零件精度

此零件的尺寸精度：直径尺寸 φ30 mm、φ20 mm、φ15 mm，长度尺寸 10 mm、30 mm、50 mm 均为自由公差，倒角 C1。形位精度：没有要求。无其他技术要求。

二、选择机床、刀具和夹具

（1）选择 GSK980TDb 系统的数控车床。

(2) 根据材料的加工特性选择硬质合金刀具（YT15）。

(3) 刀具的安排：外圆车刀、盲孔车刀、φ12 mm 麻花钻，如图 2-10 所示。

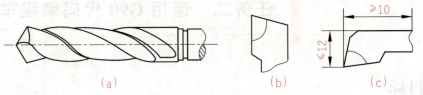

图 2-10 刀具的安排
(a) 麻花钻；(b) T01 外圆车刀；(c) T02 盲孔车刀

(4) 夹具：三爪卡盘。

三、选择车削用量

(1) a_p：粗车背吃刀量 1 mm。粗车最后一刀，留精车余量 0.6 mm（直径）。

(2) v_c：转变为转速 n，n 暂定为 800～1 200 r/min。

(3) f：粗车时，暂定为 0.1 mm/r；
　　精车时，暂定为 0.08 mm/r。

四、设定编程原点

工件旋转中心与工件右端面交点处，设定为编程原点。

五、安排加工步骤、编写加工程序

1. 运用 G90 代码编程车削图示轴的步骤 (参考)

(1) 装夹毛坯，毛坯伸出部分长度约 30 mm，车削工件左端。
① 车端面，粗车外圆至 φ30.6 mm、长 25 mm，精车外圆至 φ30 mm、长 25 mm。
② φ12 mm 麻花钻钻孔，深度 ≥15 mm。
③ 粗车内孔至 φ19.5 mm，长 10 mm，精车内孔至 φ20 mm，长 10 mm。

(2) 调头，裹铜皮装夹（保护已加工表面，使其不被夹伤），伸出部分长度约 35 mm，车削工件右端。
① 车端面，保证总长 50 mm。
② 粗车圆柱面至 φ30.6 mm、长 30 mm，φ15.6 mm、长 10 mm。
③ 粗车圆锥面至大端 φ30.6 mm，小端 φ20.6 mm、长 20 mm。
④ 精车右端外圆至尺寸要求。

2. 车削工件左端的参考程序

(1) 车端面，粗车外圆至 φ30.6 mm、长 25 mm，倒角 C1、精车外圆至 φ30 mm、长 25 mm，如图 2-11 所示。

程序段			
T0101；	（调用1号外圆车刀及1号刀补值）	M05；	（主轴停止）
G00 X100 Z100；	（将车刀定位到安全位置）	M00；	（程序暂停）
M03 S800 G99；		M03 S1200；	（主轴正转，转速1 200 r/min）
（主轴正转，转速800 r/min，选用每转进给）		T0101；	（调用1号外圆车刀及1号刀补值）
G00 X35 Z2；	（定位到循环点）	G00 X28 Z2；	（定位到点1）
G90 X33 Z-25 F0.1；		G01 Z0 F0.08；	（车削至点2）
（外圆车至φ33 mm，进给速度0.1 mm/r）		X30 Z-1；	（车削至点3）
X31；	（外圆车至φ31 mm）	Z-25；	（车削至点4）
X30.6；	（外圆车至φ30.6 mm）	X35；	（车削至点5）
G00 X100 Z100；	（车刀退至换刀位置）	G00 X100 Z100；	（退刀）

（2）安装φ12 mm麻花钻，摇手轮钻孔，深度≥15 mm。摇手轮1圈，麻花钻移动5 mm。

（3）粗车内孔至φ19.4 mm，长10 mm，精车内孔至φ20 mm，长10 mm，如图2-12所示。

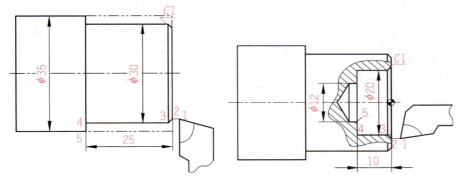

图2-11　车削工件左端外圆　　　　图2-12　车削工件左端内孔

3. 车削工件右端的参考程序

（1）调头，裹铜皮装夹，以手轮方式车端面，保证总长50 mm。

程序段			
T0202；		G00 X100 Z100；	（车刀退至换刀位置）
（调用2号外圆车刀及2号刀补值）		M05；	（主轴停止）
G00 X100 Z100；	（将车刀定位到安全位置）	M00；	（程序暂停）
M03 S800 G99；		M03 S1000；	（主轴正转，转速1 000 r/min）
（主轴正转，转速800 r/min，选用每转进给）		T0202；	（调用2号外圆车刀及2号刀补值）
G00 X12 Z2；	（定位到循环点）	G00 X22 Z2；	（定位到点1）
G90 X14 Z-10 F0.1；		G01 Z0 F0.08；	（车削至点2）
（外圆车至φ14 mm，进给速度0.1 mm/r）		X20 Z-1；	（车削至点3）
X16；	（外圆车至φ16 mm）	Z-10；	（车削至点4）
X18；	（外圆车至φ18 mm）	X11；	（车削至点5）
X19.4；	（外圆车至φ19.4 mm）	G00 Z100；	（先Z向退刀）
		X100；	

(2) 粗车圆柱面至 φ30.6 mm、长 30 mm，φ15.6 mm、长 10 mm，如图 2-13 所示。

程序段	
T0101；（调用1号外圆车刀及1号刀补值）	X29 Z-10；（外圆车至φ29mm，长度10 mm）
G00 X100 Z100；	X27；（外圆车至φ27 mm）
M03 S800 G99；	X25；（外圆车至φ25 mm）
（主轴正转，转速 800 r/min，选用每转进给）	X23；（外圆车至φ23 mm）
	X21；（外圆车至φ21 mm）
G00 X35 Z2； （定位到循环点）	X19；（外圆车至φ19 mm）
G90 X33 Z-30 F0.1；	X17；（外圆车至φ17 mm）
（外圆车至φ33 mm，长度30 mm，进给速度0.1 mm/r）	X15.6；（外圆车至φ15.6 mm）
X31； （外圆车至φ31 mm）	G00 X100 Z100（退刀）
X30.6； （外圆车至φ30.6 mm）	

(3) 粗车圆锥面至大端 φ30.6 mm、小端 φ20.6 mm、长 20 mm，如图 2-14 所示。

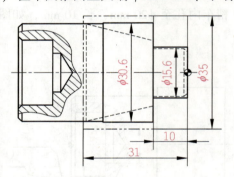

图 2-13 粗车工件右端

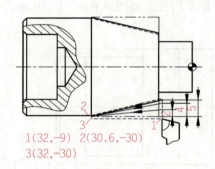

图 2-14 粗车圆锥面

程序段	
T0101；（调用1号外圆车刀及1号刀补值）	G90 X30.6 Z-30 R-2 F0.1；（粗车外圆锥第一刀，外圆车至φ30.6 mm，长度30 mm，进给速度0.1 mm/r）
M03 S800 G99；（主轴正转，转速 800 r/min，选用每转进给）	R-4；（粗车外圆锥第二刀）
	R-5；（粗车外圆锥第三刀）
G00 X32 Z-9； （定位到循环点）	G00 X100 Z100；（退刀）

(4) 精车右端外圆如图 2-15 所示。

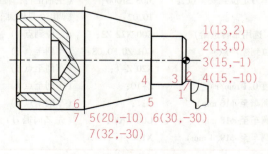

图 2-15 精车右端外圆

程序段		X15 Z-1;	（车削到点 3）
T0101;	（调用 1 号外圆车刀及 1 号刀补值）	Z-10;	（车削到点 4）
M03 S1200 G99;		X20;	（车削到点 5）
（主轴正转，转速 1 200 r/min，选用每转进给）		X30 Z-30;	（车削到点 6）
G00 X32 Z2;		X32;	（车削到点 7）
G00 X13;	（定位到点 1）	G00 X100 Z100;	（退刀）
G01 Z0 F0.08;	（车削到点 2）		

六、组合车削阶梯轴的参考程序段

组合车削阶梯轴的参考程序段，再增加程序名、准备阶段的内容、结束语句等，就组成了数控车削阶梯轴的参考程序。

1. 车削左端的程序

O0011	程序名（字母"O"开头）	
T0101;	（调用 1 号外圆车刀、1 号刀补）	准备阶段
M03 S800;	（主轴正转、转速 800 r/min）	
G99 F0.1;	（每转进给量，0.1 mm/r）	
G00 X100 Z100;	（将车刀定位到安全位置）	
G00 X35 Z2;	（定位到循环点）	车左端外圆柱面
G90 X33 Z-25 F0.1;		
X31;		
X30.6;		
G00 X100 Z100;		
M05;		
M00;		
M03 S1200;		
T0101;		
G00 X28 Z2;		
G01 Z0 F0.08;		
X30 Z-1;		
Z-25;		
X35;		
G00 X100 Z100;		退刀
T0202;	（调用 2 号盲孔车刀、2 号刀补）	车左端内孔
M03 S800 G99;		
G00 X12 Z2;		
G90 X14 Z-10 F0.1;		
X16;		
X18;		
X19.4;		
G00 X100 Z100;		

M05； M00； M03 S1000； T0202； G00 X22 Z2； G01 Z0 F0.08； X20 Z-1； Z-10； X11；	车左端内孔
G00 Z100； X100；	退刀
M30；（程序结束，并返回）	程序结束

2. 保证总长 50 mm 后，车削右端的程序

O0012	程序名（字母"O"开头）	
T0101； M03 S800； G99 F0.1； G00 X100 Z100；	（调用1号车刀、1号刀补） （主轴正转、转速 800 r/min） （每转进给量，0.1 mm/r） （将车刀定位到安全位置）	准备阶段
G00 X35 Z2； G90 X33 Z-30 F0.1； X31； X30.6； X29 Z-10； X27； X25； X23； X21； X19； X17； X15.6； G00 X32 Z-9； G90 X30.6 Z-30 R-2 F0.1； R-4； R-5；		粗车右端外圆柱面、圆锥面
G00 X100 Z100；		退刀

T0101； M03 S1200； G00 X32 Z2； G00 X13； G01 Z0 F0.08； X15 Z-1； Z-10； X20； X30 Z-30； X32；	精车右端外圆
G00 X100 Z100；	退刀
M30；	程序结束

任务实施

在实训基地的数控车工室，按照安全操作规程，加工该工件：
（1）装夹毛坯。
（2）分别对刃磨好的车刀进行试切法对刀。
（3）输入并检查参考程序。
（4）单段运行参考程序，隔着防护窗观察刀具轨迹。
（5）完成实训任务书。

课后练习

运用 G90 代码编写图 2-16 中零件的车削程序。

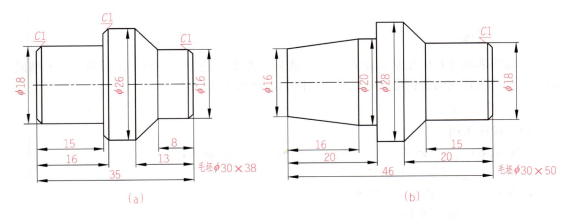

图 2-16 练习题零件图

任务小结

本任务安排了运用 G90 代码编程车削阶梯轴的加工案例,展现了 G90 循环代码的运用。请记住运用 G90 代码编程车削圆柱面的格式、轨迹,以及车削圆锥中的 R——圆锥部分的车削起点与圆锥部分的车削终点的 X 轴绝对坐标的差值(半径值)。在任务实施中,同学们要多独立动手操作加工,调整切削用量,积累加工经验。

任务三　运用 G94 代码编程车削沟槽

任务目标

(1) 运用 G94 代码编程车削外沟槽。
(2) 积累 G94 编程车削外沟槽的经验。

任务引入

本任务安排了运用 G94 代码编程车削外沟槽的案例。学习过程中,要特别注意理解 G94 代码的刀具循环轨迹,记住 G94 代码的格式,积累运用 G94 编程的经验。

知识链接

一、G94 代码的功能、格式和说明

1. 代码功能

径向切削循环 G94 是从切削点开始,轴向(Z 轴)进刀、径向(X 轴或 X、Z 轴同时)切削,实现端面或锥面切削循环,代码的起点和终点相同。

2. 代码常用格式

(1) 端面车削。
G94 X(U) ＿＿＿＿ Z(W) ＿＿＿＿ F ＿＿＿＿;(第一次车削循环)
Z(W) ＿＿＿＿;(第二次车削循环)
Z(W) ＿＿＿＿;(第三次车削循环)
……　　(第 n 次车削循环)
(2) 圆锥车削。
G94 X(U) ＿＿ Z(W) ＿＿ R ＿＿ F ＿＿;(第一次车削循环)

R ____；（第二次循环）
R ____；（第三次循环）
……　（第 n 次循环）

3. 代码说明

G94 为模态代码。

切削起点：直线插补（切削进给）的起始位置。

切削终点：直线插补（切削进给）的结束位置。

X：切削终点 X 轴绝对坐标，单位：mm 或 in。

U：切削终点与起点 X 轴绝对坐标的差值。

Z：切削终点 Z 轴绝对坐标。

W：切削终点与起点 Z 轴绝对坐标的差值。

R：切削起点与切削终点 Z 轴绝对坐标的差值，当 R 与 U 的符号不同时，要求 $|R| \leqslant |W|$。

F：车削进给速度。

二、G94 代码的循环轨迹

1. G94 车削端面循环轨迹

（1）G94 代码的单次循环轨迹，如图 2-17 所示。

快速定位至点 1 后，快速定位至点 2，车削至点 3，车削至点 4，快速定位至点 1，此为一次循环。

格式：G94 X __ Z __ F __；（X、Z 后面的值为点 3 的坐标值）

（2）G94 代码的多次循环轨迹，如图 2-18 所示。

快速定位至点 1 后，快速定位至点 2，车削至点 3，车削至点 4，快速定位至点 1，此为第一次循环；快速定位至点 5，车削至点 6，车削至点 4，快速定位至点 1，此为第二次循环。

格式：G94 X __ Z __ F __；（X、Z 后面的值为点 3 的坐标值）

Z __；（X、Z 后面的值为点 6 的坐标值，点 6 的 X 值与点 3 的 X 值相同，可省略）

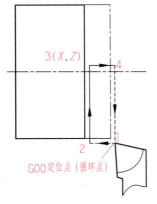
图 2-17　G94 代码的单次循环轨迹

图 2-18　G94 代码的多次循环轨迹

2. G94 圆锥车削循环轨迹

（1）G94 代码的单次循环轨迹，如图 2-19 所示。

快速定位至点 1 后，快速定位至点 2，车削至点 3，车削至点 4，快速定位至点 1，此为一次循环。

格式：G94 X＿ Z＿ R＿ F＿；（X、Z 后面的值为点 3 的坐标值，R 为圆锥部分的车削起点与圆锥部分的车削终点的 Z 轴绝对坐标的差值，带方向。）

（2）G94 代码的多次循环轨迹，如图 2-20 所示。

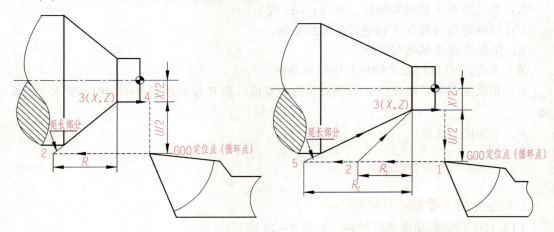

图 2-19　G94 代码的单次循环轨迹　　　　图 2-20　G94 代码的多次循环轨迹

快速定位至点 1 后，快速定位至点 2，车削至点 3，车削至点 4，快速定位至点 1，此为第一次循环；快速定位至点 5，车削至点 3，车削至点 4，快速定位至点 1，此为第二次循环。

格式：G94 X＿ Z＿ R＿ F＿；（X、Z 后面的值为点 3 的坐标值，R 为第一个圆锥部分的车削起点与圆锥部分的车削终点的 Z 轴绝对坐标的差值，带方向）

R＿；（R 为第二个圆锥部分的车削起点与圆锥部分的车削终点的 Z 轴绝对坐标的差值，带方向）

三、数控车削任务

数控车削如图 2-21 所示零件，毛坯为 $\phi 40$ mm×80 mm 的 45 钢。

1. 分析零件精度

此图零件尺寸精度：$\phi 38$ mm、$\phi 25$ mm、20 mm、15 mm、50 mm 均为自由公差，倒角 C1。形位精度：没有要求。无其他技术要求。

2. 安排加工步骤（参考）

毛坯伸出长度约 60 mm，手动车端面→试切法对刀→车外圆、保证尺寸 $\phi 38$ mm×55 mm、倒角 C1→车宽槽、保证尺寸 $\phi 25$ mm×20 mm→切断、总长约 50.5 mm→外圆裹铜皮、调头装夹，车端面，保证总长 50 mm→倒角 C1。

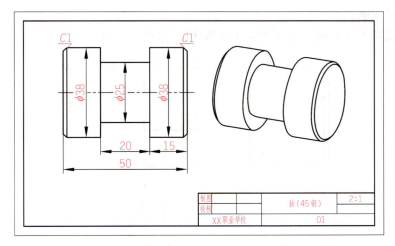

图 2-21 含有宽沟槽的轴

3. 选择机床、刀具和夹具

（1）选择 GSK980TD 系统的数控车床。

（2）根据材料的加工特性选择硬质合金刀具（YT15）。

（3）刀具安排：外圆车刀 T01、切槽刀 T02（刀宽 4 mm）、切断刀 T03，如图 2-22 所示。

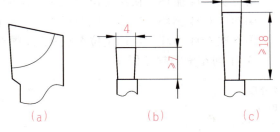

图 2-22 刀具的安排

(a) T01 外圆车刀；(b) T02 切槽刀；(c) T03 切断刀

（4）夹具：三爪卡盘。

4. 选择车削用量

（1）a_p：车削外圆的 a_p 为 0.5 mm。切槽时的 a_p 为主切削刃宽度 4 mm。车端面的 a_p 为 0.2～1 mm。

（2）v_c：转变为转速 n，n 暂定为 300～1 200 r/min。

（3）f：暂定为 0.03～0.1 mm/r。

5. 设定编程原点

工件旋转中心与工件右端面交点处，设定为编程原点。

6. 设计加工轨迹、确定基点坐标

（1）车削外圆。

① 车削外圆参考思路。运用 G00、G01 代码编程车削外圆。

② 车削外圆的参考程序。

程序段	
T0101；	X38 Z-1；
M03 S800；	Z-55；
G00 X36 Z2；	X40；
G01 Z0 F0.1；	G00 X100 Z100；（退刀）

（2）车削宽槽。

① 车削宽槽参考思路。运用 G94 代码编程车宽槽，如图 2-23 所示。

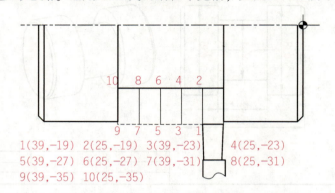

1(39,-19)　2(25,-19)　3(39,-23)　4(25,-23)
5(39,-27)　6(25,-27)　7(39,-31)　8(25,-31)
9(39,-35)　10(25,-35)

图 2-23　车削宽槽的刀具轨迹和基点坐标值

② 车削宽槽的 G94 代码的轨迹。

定位至点 1 后，第一次 G94 循环：车槽至点 2，快速退刀至点 1。

第二次 G94 循环：快速定位至点 3，车槽至点 4，车槽底至点 2，快速退刀至点 1。

第三次 G94 循环：快速定位至点 5，车槽至点 6，车槽底至点 2，快速退刀至点 1。

第四次 G94 循环：快速定位至点 7，车槽至点 8，车槽底至点 2，快速退刀至点 1。

第五次 G94 循环：快速定位至点 9，车槽至点 10，车槽底至点 2，快速退刀至点 1。

③ 车削宽槽的参考程序。

程序段	
T0202；	Z-27；　　（第三次 G94 循环）
M03 S400；	Z-31；　　（第四次 G94 循环）
G00 X39 Z-19；　（T02 刀宽 4 mm）	Z-35；　　（第五次 G94 循环）
G94 X25 Z-19 F0.04；（第一次 G94 循环）	G00 X100；
Z-23；　　（第二次 G94 循环）	Z100；　　（退刀）

（3）切断。

① 切断的参考思路。运用 G00、G01 代码编程切断。

② 切断的参考程序。

程序段	
T0303；	G01 X2 F0.03；
M03 S300；	G00 X100；
G00 X39 Z-55；	Z100；　　（退刀）
（工作要求长度 50 mm + T03 刀宽 4 mm + Z 轴方向多切削的 1 mm）	

（4）外圆裹铜皮、调头装夹，车端面，保证总长 50 mm；倒角 C1 均手动完成。

7. 组合车削含有宽沟槽的轴的参考程序段

组合车削含有宽沟槽的轴的参考程序段，再增加程序名、准备阶段的内容、结束语句等，就组成了数控车削含有宽沟槽的轴的参考程序。

O0013	程序名（字母"O"开头）	
T0101； G00 X100 Z100； M03 S800 G99；	（调用1号外圆车刀及1号刀补值） （将车刀定位到安全位置） （主轴正转，转速800 r/min，选用每转进给）	准备阶段
G00 X36 Z2； G01 Z0 F0.1； X38 Z-1； Z-55； X40；		车削外圆
G00 X100 Z100；		退刀
T0202； M03 S400； G00 X39 Z-19； G94 X25 Z-19 F0.04； Z-23； Z-27； Z-31； Z-35；	（调用2号车刀及2号刀补值）	车削宽槽
G00 X100 Z100；		退刀
T0303； M03 S300； G00 X39 Z-55； G01 X2 F0.03；	（调用3号车刀及3号刀补值）	切断
G00 X100； Z100；		退刀
M30；	（程序结束，并返回）	程序结束

任务实施

在实训基地的数控车工室，按照安全操作规程，加工该工件：
（1）装夹毛坯。
（2）分别对刃磨好的车刀进行试切法对刀。
（3）输入并检查参考程序。
（4）单段运行参考程序，隔着防护窗观察刀具轨迹。
（5）完成实训任务书。

课后练习

运用 G94 代码编写如图 2-24 所示零件的车削程序。

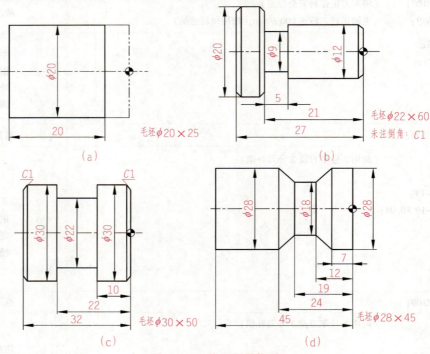

图 2-24　练习题零件图

(a) 车削端面；(b) 车削沟槽；(c) 车削沟槽；(d) 车削沟槽

任务小结

本任务安排了运用 G94 代码编程车削含宽沟槽轴的加工案例，展现了 G94 循环代码的运用。要理解车削含宽沟槽轴的加工步骤，以及刀具在加工中的循环轨迹。在任务实施中，同学们要多独立动手操作加工，调整切削用量，积累加工经验。

任务四　运用 G92 代码编程车削螺纹

任务目标

(1) 运用 G92 代码编程车削螺纹。
(2) 积累 G92 编程车削螺纹的经验。

任务引入

本任务安排了运用 G92 代码编程车削螺纹的案例。学习过程中,要特别注意理解 G92 代码的刀具循环轨迹,记住 G92 代码的格式,积累运用 G92 编程的经验。

知识链接

一、G92 代码的功能和循环轨迹

1. 代码功能

螺纹切削循环 G92 代码,单一固定循环,车削等螺距的直螺纹和锥螺纹。

2. G92 代码的循环轨迹

G92 代码的循环轨迹,如图 2-25 所示。

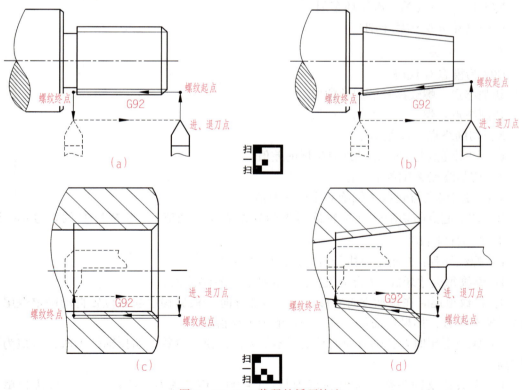

图 2-25 G92 代码的循环轨迹

(a) 车削直螺纹轴的循环轨迹; (b) 车削锥螺纹轴的循环轨迹;
(c) 车削直螺纹孔的循环轨迹; (d) 车削锥螺纹孔的循环轨迹

一个 G92 程序段循环步骤:

① 从进刀点开始,径向(X 轴)快速移动到螺纹起点。

② 从螺纹起点进行"螺纹插补",直至螺纹终点。

③ 径向（X 轴）以快速移动速度退刀（与①的方向相反），至 X 轴绝对坐标与起点相同处。

④ 轴向（Z 轴）快速移动返回到起点，循环结束。

二、G92 代码的格式

1. 代码的格式

G92 X(U) __ Z(W) __ F __ J __ K __ L __;（公制直螺纹切削循环）
G92 X(U) __ Z(W) __ I __ J __ K __ L __;（英制直螺纹切削循环）
G92 X(U) __ Z(W) __ R __ F __ J __ K __ L __;（公制锥螺纹切削循环）
G92 X(U) __ Z(W) __ R __ I __ J __ K __ L __;（英制锥螺纹切削循环）
公制直螺纹切削循环，常用格式：
G92 X(U) ____ Z(W) __ F __ L __;（第一次车削）
X(U) ____;（第二次循环车削）
X(U) ____;（第三次循环车削）
……（第 n 次循环车削）

2. 代码说明

G92 为模态 G 代码。

切削起点：螺纹插补的起始位置。

切削终点：螺纹插补的结束位置。

X：切削终点 X 轴绝对坐标。

U：切削终点与起点 X 轴绝对坐标的差值。

Z：切削终点 Z 轴绝对坐标。

W：切削终点与起点 Z 轴绝对坐标的差值。

R：切削起点与切削终点 X 轴绝对坐标的差值（半径值），当 R 与 U 的符号不一致时，要求 $|R| \leq |U/2|$。

F：螺纹导程；F 指定值执行后保持，可省略输入。

I：螺纹每英寸牙数；I 指定值执行后保持，可省略输入。

J：螺纹退尾时在短轴方向的移动量，不带方向（根据程序起点位置自动确定退尾方向），模态参数，如果短轴是 X 轴，则该值为半径指定。

K：螺纹退尾时在长轴方向的长度，不带方向，模态参数，如长轴是 X 轴，该值为半径指定。

L：多头螺纹的头数；该值的范围是：1~99，模态参数。省略 L 时，默认为单头螺纹。

3. 注意事项

（1）G92 代码可以分多次进刀完成一个螺纹的加工，但不能实现两个连续螺纹的加工，也不能加工端面螺纹。G92 代码螺纹螺距的定义与 G32 代码一致；螺距是指主轴转一圈，长轴的位移量（X 轴位移量按半径值）；锥螺纹的螺距也一样。

（2）省略 K 时，按 J＝K 退尾。J＝0 或 J＝0，K＝0 时，无退尾；J≠0，K＝0 时，按 K＝J 退尾；J＝0，K≠0 时，无退尾。

（3）螺纹切削过程中执行进给保持操作后，系统仍进行螺纹切削，螺纹切削完毕，显示"暂停"，程序运行暂停。

（4）螺纹切削过程中执行单程式段操作后，在返回起点后（一次螺纹切削循环动作完成），运行停止。

（5）J、K 输入负值时，按正值处理。

（6）系统复位、急停或驱动报警时，螺纹切削减速停止。

三、数控车削任务 1

数控车削如图 2－26 所示零件，毛坯为 $\phi30\ mm \times 65\ mm$ 的 45 钢。

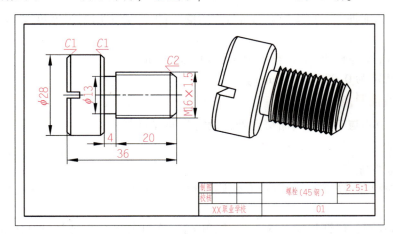

图 2－26　螺栓

1. 分析零件精度

此图零件尺寸精度：$\phi28\ mm$、$\phi13\ mm$、20 mm、4 mm、36 mm 均为自由公差，倒角 $C1$、$C2$。普通三角螺纹的螺纹大径为 16 mm，螺距为 1.5 mm。形位精度：没有要求。无其他技术要求。

2. 安排加工步骤（参考）

毛坯伸出部分长度约 40 mm，手动车端面→试切法对刀→车削外圆，保证尺寸 $\phi28\ mm$，倒角 $C1$→车削外圆，保证尺寸 $\phi16\ mm \times 24\ mm$，倒角 $C2$→车削退刀槽，保证尺寸 $\phi13\ mm \times 4\ mm$，长度 20 mm→车削 $M16 \times 1.5$ 的螺纹→切断，总长约 36.5 mm→外圆裹铜皮，调头装夹，车端面，保证总长 36 mm，倒角 $C1$→卧式铣床，铣直槽。

3. 选择机床、刀具和夹具

（1）选择 GSK980TDb 系统的数控车床。

（2）根据材料的加工特性选择硬质合金刀具（YT15）。

（3）刀具的安排：外圆车刀 T01、切槽刀 T02（刀宽 4 mm）、螺纹车刀 T03、切断刀

T04（刀宽 4 mm），如图 2-27 所示。

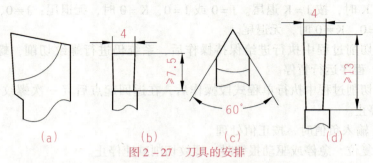

图 2-27 刀具的安排

(a) T01 外圆车刀；(b) T02 切槽刀；(c) T03 螺纹车刀；(d) T04 切断刀

(4) 夹具：三爪卡盘。

4. 选择车削用量

(1) a_p：车削外圆，$a_p = 0.7 \sim 1$ mm。切槽时的 a_p 为主切削刃宽度 4 mm。车端面的 a_p 为 0.5 mm。

(2) v_c：转变为转速 n，n 暂定为 $300 \sim 1\,200$ r/min。

(3) f：暂定为 $0.03 \sim 0.1$ mm/r。

5. 设定编程原点

工件旋转中心与工件右端面交点处，设定为编程原点。

6. 设计加工轨迹、确定基点坐标

(1) 车削外圆。

① 车削外圆参考思路。运用 G90 代码编程车削外圆。三爪卡盘夹住毛坯，伸出长度大于 45 mm。

② "车削外圆，保证尺寸 $\phi 28$ mm，倒角 $C1$；车削外圆，保证尺寸 $\phi 16$ mm × 23 mm，倒角 $C2$"的参考程序。

程序段	
T0101；	T0101；
M03 S800；	M03 S1000；
G99 F0.1；	G00 X12 Z2；
G00 X30 Z2；	G01 Z0 F0.08；
G90 X28.6 Z-41 F0.1；	X15.8 Z-2；
X27 Z-24；	（因为螺纹车刀会将材料向外挤出，所以加工螺纹前的轴径比螺纹顶径小 $0.1 \sim 0.2$ mm）
X25；	
X23；	Z-24；
X21；	X26；
X19；	X28 Z-25；
X17；	Z-41；
G00 X100 Z100；	X30；
M05；	G00 X100；
M00；（检测工件。按下"循环启动"按钮，程序继续运行）	Z100；
	M30；

106

(2) 车削螺纹退刀槽。

① 车削螺纹退刀槽参考思路。车削螺纹退刀槽的轨迹和基点坐标值,如图 2 - 28 所示。

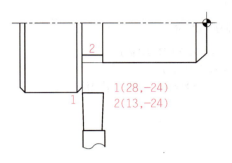

图 2 - 28　车削螺纹退刀槽的轨迹和基点坐标值

② 车削螺纹退刀槽的参考程序。

程序段	G01 X13 F0.04;	(车削到点 2)
T0202;	G00 X100;	
M03 S400 G99;	Z100;	(退刀)
G00 X28 Z-24;　(定位到点 1)		

(3) 车削螺纹。

① 车削螺纹参考思路。运用 G92 代码编程车削螺纹。

螺纹小径:$d = D - 1.3P = 16 - 1.3 × 1.5 = 14.05(\text{mm})$

② 车削螺纹的参考程序。

程序段	X14.6;	(第三次螺纹循环)
T0303;	X14.4;	(第四次螺纹循环)
M03 S500;	X14.2;	(第五次螺纹循环)
G00 X16 Z3;	X14.1;	(第六次螺纹循环)
G92 X15.2 Z-21.5 F1.5;　(第一次螺纹循环)	X14.05;	(第七次螺纹循环)
X14.8;　(第二次螺纹循环)	G00 X100 Z100;	(退刀)

(4) 切断。

① 切断参考思路。运用 G00、G01 代码编程切断。

② 切断的参考程序。

程序段	G01 X2 F0.03;
T0404;	G00 X100;
M03 S400;	Z100;
G00 X30 Z-40.5;	

(5) 外圆裹铜皮、调头装夹,车端面,保证总长 36 mm,倒角 C1。若是批量生产宜编程车削;若单件生产宜手动车削。

(6) 用卧式铣床,铣直槽。

7. 组合车削螺栓的参考程序段

组合车削螺栓的参考程序段，再增加程序名、准备阶段的内容、结束语句等，就组成了数控车削螺栓的参考程序。

O0014	程序名（字母"O"开头）	
T0101；	（调用1号外圆车刀及1号刀补值）	准备阶段
G00 X100 Z100；	（将车刀定位到安全位置）	
M03 S800 G99；	（主轴正转，转速800 r/min，选用每转进给）	
G00 X30 Z2；		车削外圆
G90 X28.6 Z-41 F0.1；		
X27 Z-24；		
X25；		
X23；		
X21；		
X19；		
X17；		
G00 X100 Z100；		
M05；		
M00；		
T0101；		
M03 S1000；		
G00 X12 Z2；		
G01 Z0 F0.08；		
X15.8 Z-2；		
（因为螺纹车刀会将材料向外挤出，所以加工螺纹前的轴径比螺纹顶径小0.1~0.2 mm）		
Z-24；		
X26；		
X28 Z-25；		
Z-41；		
X30；		
G00 X100 Z100；		退刀
T0202；		车螺纹退刀槽
M03 S400；		
G00 X28 Z-24；		
G01 X13 F0.04；		
G00 X100；		退刀
Z100；		
T0303；		车削螺纹
M03 S400；		
G00 X16 Z3；		
G92 X15.2 Z-21.5 F1.5；		
X14.8；		
X14.6；		

X14.4; X14.2; X14.1; X14.05;		车削螺纹
G00 X100 Z100;		退刀
M05; M00;	（程序暂停，检验螺纹配合）	程序暂停
T0404; M03 S400; G00 X30 Z-40.5; G01 X2 F0.03;		切断
G00 X100; Z100;		退刀
M30;	（程序结束，并返回）	程序结束

四、数控车削任务2

数控车削如图2-29所示零件，毛坯为 $\phi30$ mm×32 mm 的45钢。

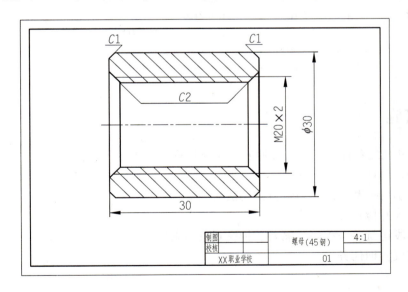

图2-29 螺母

螺纹小径：$d = D - 1.3P = 20 - 1.3 \times 2 = 17.4 (\text{mm})$

1. 加工参考步骤

车端面、外圆倒角 $C1$→参考公式：$D_{底孔} = D - P$，运用 $\phi 17$ mm 的麻花钻钻通孔→倒角 $C2$→调头装夹，找正装夹的工件→车端面，保证总长 30 mm→车削通孔至 $\phi 17.6$ mm→孔口倒角 $C2$→车削内螺纹。

注意：螺纹部分的外圆尺寸要比图中标注的尺寸大 0.1~0.25 mm。

2. 刀具安排

内螺纹车刀如图 2-30 所示。

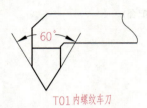

图 2-30　内螺纹车刀

3. 车削内螺纹的参考程序

程序段		
T0101；	X19.4；	（第 5 次螺纹循环）
M03 S400；	X19.6；	（第 6 次螺纹循环）
G00 X17 Z4；	X19.8；	（第 7 次螺纹循环）
G92 X17.8 Z-32 F2； （第 1 次螺纹循环）	X19.9；	（第 8 次螺纹循环）
X18.2； （第 2 次螺纹循环）	X20；	（第 9 次螺纹循环）
X18.6； （第 3 次螺纹循环）	G00 Z100；	
X19； （第 4 次螺纹循环）	X100；	（退刀）

任务实施

在实训基地的数控车工室，按照安全操作规程，加工该工件：
（1）装夹毛坯。
（2）分别对刃磨好的车刀进行试切法对刀。
（3）输入并检查参考程序。
（4）单段运行参考程序，隔着防护窗观察刀具轨迹。
（5）完成实训任务书。

课后练习

编写如图 2-31 所示零件的车削程序：

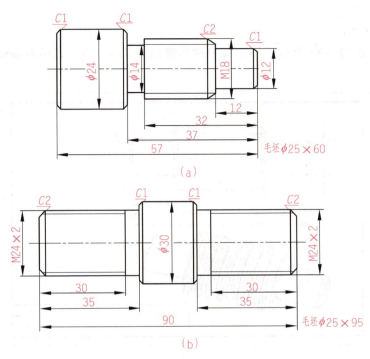

图 2-31 练习题零件图

任务小结

本任务安排了运用 G92 代码编程车削螺纹的加工案例，展现了 G92 循环代码的运用。要理解车削螺栓的加工步骤，以及刀具在加工中的循环轨迹。在任务实施中，同学们要多独立动手操作加工，调整切削用量，积累加工经验。

任务五　调用子程序车削梯形螺纹

任务目标

（1）运用"调用子程序的方法"实现左右进刀、分层切削法车削梯形螺纹。
（2）积累调用子程序车削梯形螺纹的经验。

任务引入

前面的任务中，无论是运用 G32 代码车削螺纹，还是运用 G92 代码车削螺纹；使用的方法都是直进法车削螺纹。如果车削螺距比较大的传动螺纹，通常采用左右进刀、分层切削法。

数控车削任务：

数控车削如图2-32所示零件，其中梯形螺纹为Tr36×6，毛坯为$\phi 40$ mm×105 mm的45钢。

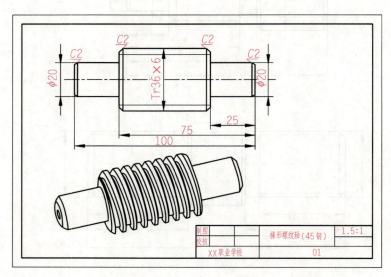

图2-32 梯形螺纹轴

知识链接

一、分析零件图

(1) 此图零件尺寸精度：所有尺寸均为自由公差，未注倒角C2。形位精度：没有要求。无其他技术要求。

(2) 梯形螺纹的计算式及其参数值。

梯形螺纹的各部分代号，如图2-33所示。

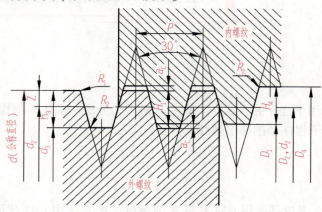

图2-33 梯形螺纹的各部分代号

112

梯形螺纹的各部分名称、代号及计算公式，如表 2-1 所示。
加工案例中，公制梯形螺纹 Tr36×6 的基本要素尺寸：
① 公称直径 $d = 36$ mm，$P = 6$ mm 螺距，$a_c = 0.5$ mm。

表 2-1 梯形螺纹的各部分名称、代号及计算公式

名称		代号	计 算 公 式			
牙型角		α	$\alpha = 30°$			
螺距		P	由螺纹标准确定			
牙顶间隙 a_c			P/mm	1.5~5	6~12	14~44
			a_c/mm	0.25	0.5	1
外螺纹	大径	d	公称直径			
	中径	d_2	$d_2 = d - 0.5P$			
	小径	d_3	$d_3 = d - 2h_3$			
	牙高	h_3	$h_3 = 0.5P + a_c$			
内螺纹	大径	D_4	$D_4 = d + 2a_c$			
	中径	D_2	$D_2 = d_2$			
	小径	D_1	$D_1 = d - P$			
	牙高	H_4	$H_4 = h_3$			
牙顶宽		f、f'	$f = f' = 0.366P$			
牙槽底宽		W、W'	$W = W' = 0.366P - 0.536a_c$			

② 根据已知条件与表 2-1 可知：

$$h_3 = 0.5P + a_c = 0.5 \times 6 + 0.5 = 3.5(\text{mm})$$
$$d_2 = d - 0.5P = 36 - 0.5 \times 6 = 33(\text{mm})$$
$$d_3 = d - 2h_3 = 36 - 2 \times 3.5 = 29(\text{mm})$$
$$f = 0.366P = 0.366 \times 6 = 2.196(\text{mm})$$
$$W = 0.366P - 0.536a_c = 0.366 \times 6 - 0.536 \times 0.5 = 1.928(\text{mm})$$

二、安排加工步骤（参考）

（1）车削图 2-32 工件右端。
① 装夹毛坯，毛坯伸出部分长度略大于 30 mm，车端面。
② 用 G90 代码编程，粗车 ϕ20 mm 轴段。
③ 用 G01 代码编程，精车 ϕ20 mm 轴段，倒角 $C2$。
（2）装夹毛坯外圆，车端面，保证总长 100 mm，钻中心孔。
（3）车削图 2-32 工件左端。
① 装夹用铜皮裹住的 ϕ20 mm 轴段，采用"一夹一顶"方式装夹。
② 用 G90 代码编程，粗车 ϕ36 mm 轴段、ϕ20 mm 轴段。
③ 用 G01 代码编程，精车 ϕ36 mm 轴段、ϕ20 mm 轴段，倒角 $C2$。

三、选择机床、刀具和夹具

（1）选择 GSK980TDb 系统的数控车床。

（2）根据材料的加工特性选择硬质合金刀具（YT15）。

（3）刀具安排：由于牙槽底宽为 1.928 mm，为实现左右进刀、分层车削梯形螺纹，梯形螺纹车刀选用 1.5 mm 的刀宽。如图 2-34 所示，外圆车刀 T01、梯形螺纹车刀 T02。

（4）夹具：三爪卡盘。

四、选择车削用量

（1）a_p：粗车背吃刀量 1 mm。粗车最后一刀，留精车余量 0.6 mm（直径）。

（2）v_c：转变为转速 n，n 暂定为 800~1 200 r/min。

（3）f：粗车时，暂定为 0.1 mm/r；
　　　精车时，暂定为 0.08 mm/r。

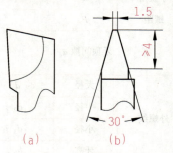

图 2-34 刀具的安排

(a) T01 外圆车刀；(b) T02 梯形螺纹车刀

五、车削梯形螺纹的参考程序

车削轴段的程序，自己编写。这里只给出车削梯形螺纹的参考程序。梯形外螺纹的牙高为 3.5 mm，直径方向为 7 mm。

1. 主程序

O0001	程序名（字母"O"开头）	
T0202；	（调用 2 号车刀及 2 号刀补值）	准备阶段
G00 X100 Z100；	（将车刀定位到安全位置）	
M03 S300 G99；	（主轴正转，转速 300 r/min，选用每转进给）	
G00 X44 Z-19； （X 轴方向尺寸为螺纹大径 ϕ36 + 牙深直径值 3.5×2 + 1，与后面的子程序 O0006 中的 U-8 相对应）	（螺纹刀快速定位至 X44、Z-19 的位置）	定位后、调用子程序
M98 P6002；	（粗车螺纹：调用 6 次子程序 O0002）	
M98 P8003；	（粗车螺纹：调用 8 次子程序 O0003）	
M98 P8004；	（半精车螺纹：调用 8 次子程序 O0004）	
M98 P8005；	（精车螺纹：调用 8 次子程序 O0005）	
G00 X100 Z100；		退刀
M30；	（程序结束并返回）	程序结束

2. 子程序

（1）粗车梯形螺纹的子程序。粗车梯形螺纹，X 轴方向增量进刀 0.5 mm（直径值），调用了 6 次该子程序，直径减小 0.5×6=3(mm)；该子程序为 O0002。

```
O0002
G00 U-0.5;        （粗车每次进给深度）
M98 P0006;        （调用1次基本子程序O0006）
M99;              （子程序结束并返回主程序）
```

（2）粗车梯形螺纹的子程序。粗车梯形螺纹，X轴方向增量进刀0.3 mm（直径值），调用了8次该子程序，直径减小$0.3×8=2.4$（mm）；该子程序为O0003。

```
O0003
G00 U-0.3;        （粗车每次进给深度）
M98 P0006;        （调用1次基本子程序O0006）
M99;              （子程序结束并返回主程序）
```

（3）半精车梯形螺纹的子程序。半精车梯形螺纹，X轴方向增量进刀0.15 mm（直径值），调用了8次该子程序，直径减小$0.15×8=1.2$（mm）；该子程序为O0004。

```
O0004
G00 U-0.15;       （半精车每次进给深度）
M98 P0006;        （调用1次基本子程序O0006）
M99;              （子程序结束并返回主程序）
```

（4）精车梯形螺纹的子程序。精车梯形螺纹，X轴方向增量进刀0.05 mm（直径值），调用了8次该子程序，直径减小$0.05×8=0.4$（mm）；该子程序为O0005。

```
O0005
G00 U-0.05;       （精车每次进给深度）
M98 P0006;        （调用1次基本子程序O0006）
M99;              （子程序结束并返回主程序）
```

（5）车削梯形螺纹的基本子程序。前面的子程序主要是在进行X轴方向的进刀，实现分层车削梯形螺纹。它们中都镶嵌了子程序O0006，该程序是用来实现每一层都进行左右进刀车削梯形螺纹的。

```
O0006
G92 U-8 Z-78 F6;  ［车削螺纹牙左侧面。U-8=44-螺纹公称直径=36（mm）］
G00 W0.43;        ［牙槽底宽1.928-螺纹刀刀宽1.5=0.428≈0.43（mm）］
                  （向Z轴正向快速移动0.43 mm，到达螺纹牙右侧）
G92 U-8 Z-78 F6;  （车削螺纹牙右侧面）
G00 W-0.43;       （向Z轴负向快速移动0.43 mm，返回螺纹牙左侧）
M99;              （子程序结束并返回主程序）
```

任务实施

在实训基地的数控车工室，按照安全操作规程，加工该工件：

(1) 装夹毛坯。
(2) 分别对刃磨好的车刀进行试切法对刀。
(3) 输入并检查参考程序。
(4) 单段运行参考程序,隔着防护窗观察刀具轨迹。
(5) 完成实训任务书。

课后练习

运用调用子程序的方法,编写如图 2-35 所示零件的螺纹车削程序。

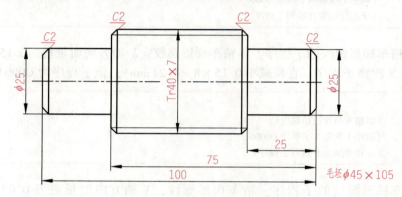

图 2-35 练习题零件图

任务小结

本任务安排了调用子程序车削梯形螺纹的加工案例,展现了调用子程序并运用 G92 循环代码车削梯形螺纹。同学们要理解车削梯形螺纹的加工步骤,以及刀具在加工中的循环轨迹。在任务实施中,同学们要多独立动手操作加工,调整切削用量,积累加工经验。

任务六 掌握 G71(Ⅰ型)、G70 代码的功能、格式和循环轨迹

任务目标

(1) 认识 G71(Ⅰ型)、G70 代码的功能和循环轨迹。
(2) 记住 G71(Ⅰ型)、G70 代码的格式。
(3) 运用 G71(Ⅰ型)、G70 代码编程车削阶梯轴。

任务引入

前面的任务中,同学们学习的循环代码 G90、G94、G92,均为单一型固定循环代码,其循环轨迹相对单一、简单。复合型粗车循环代码 G71(Ⅰ型)与精车循环代码 G70 主要用于车削余量较大的轴类工件和套类工件的粗车和精车。它们比运用 G90、G01 代码编程更简洁。

知识链接

一、G71(Ⅰ型)代码的功能、格式和说明

1. 代码功能

轴向粗车循环 G71,主要用于粗车外圆及内孔。

2. 代码常用格式

(1) 格式:G71 U(Δd) R(e);
G71 P(NS) Q(NF) U(Δu) W(Δw) F____ S____ T____;
NS G0/G1 X(U) ……(精车开始程序段)
……(精车程序)
NF……(精车结束程序段)

(2) 各参数含义:

U(Δd)——粗车时 X 轴的切削量(背吃刀量),半径值,是模态指令。

R(e)——粗车时 X 轴的退刀量(每车削完一刀的退刀距离),是模态指令。退刀方向与进刀方向相反。

P(NS)——精车轨迹的第一个程序段的程序段号。

Q(NF)——精车轨迹的最后一个程序段的程序段号。

U(Δu)——X 轴的精车余量,直径值,有符号(一般车削外圆为正值,车削内孔为负值)。也可理解为粗车轮廓相对于精车轨迹的 X 轴坐标偏移。U(Δu) 未输入时,系统按 $\Delta u = 0$ 处理,即:粗车循环 X 轴不留精车余量。

W(Δw)——Z 轴的精车余量及方向,有符号。也可理解为粗车轮廓相对于精车轨迹的 Z 轴坐标偏移。W(Δw) 未输入时,系统按 $\Delta w = 0$ 处理,即:粗车循环 Z 轴不留精车余量。

F——粗车的切削进给速度。

S——粗车时的主轴转速,若前面已有控制转速的程序段,此处可省略。

T——粗车刀具号、刀具偏置号,若前面已调用粗车刀,此处可省略。

3. 代码说明

(1) 执行 G71 代码时,NS~NF 程序段仅用于计算粗车轮廓,程序段并未被执行。NS~NF 程序段中的 F、S、T 代码在执行 G71 代码循环时无效;执行 G70 代码精加工循环

时，NS～NF 程序段中的 F、S、T 代码有效。

（2）在顺序号 P(NS) 表示的精车开始程序段中，只能是 G00 或 G01 代码，只能有 X 方向的移动，不能有 Z 方向的移动。

（3）精车轨迹（NS～NF 程序段）中，Z 轴尺寸必须是单调变化（一直增大或一直减小），类型 I 中 X 轴尺寸也必须是单调递增或单调递减。

（4）NS～NF 程序段必须紧跟在 G71 代码程序段后编写。

（5）NS～NF 程序段中，只能有 G 代码功能；不能有子程序调用代码（如 M98/M99）。

（6）在 G71 代码执行过程中，可以停止自动运行并手动移动，但要再次执行 G71 代码循环时，必须返回到手动移动前的位置。如果不返回就继续执行，后面的运行轨迹将错位。

（7）Δd、Δu 都用同一地址 U 指定，其区分是根据该程序段有无指定 P、Q 代码。

（8）在录入方式中不能执行 G71 代码，否则产生报警。

（9）在同一程序中需要多次使用复合循环代码时，NS～NF 不允许有相同程序段号。

（10）G71 代码是非模态指令，若前面使用过，后面又再使用，则不能省略。

二、G71 代码的循环轨迹

G71 代码的循环轨迹，如图 2-36 所示。

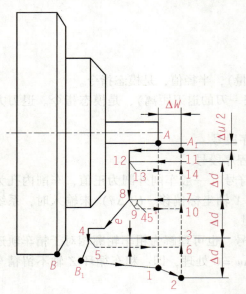

图 2-36　G71 代码的循环轨迹

（1）精车轨迹：点 1→点 A→点 B：沿工件轮廓。

（2）粗车轨迹：粗车轨迹按精车余量（Δu、Δw）偏移后的轨迹，是执行 G71 代码形成的轨迹轮廓。精加工轨迹的点 1、点 A、点 B 经过偏移后对应粗车轮廓的点 2、点 A_1、点 B_1，G71 代码最终的连续切削轨迹为点 A_1→点 B_1。

（3）图示循环轨迹：

① 从点 1 快速移动（X 轴方向移动 Δu、Z 轴方向移动 Δw）至点 2→移动 Δd 至点 3→车削至点 4→快速退刀至点 6。

② 从点 6 移动（$\Delta d+e$）至点 7→车削至点 8→快速退刀至点 10。

③ 从点 10 移动（$\Delta d+e$）至点 11→车削至点 12→快速退刀至点 14。

④ 从点 14 移动至点 A_1→沿工件轮廓，车削至点 B_1→快速退刀至点 1。

（4）代码执行过程：

① 从起点 1 快速移动到点 2，X 轴方向移动 Δu、Z 轴方向移动 Δw。

② 从点 2 向 X 轴方向移动 Δd（进刀）；NS 程序段是 G00 时，按快速移动速度进刀；

NS 程序段是 G01 时，按 G71 代码的切削进给速度 F 进刀，进刀方向与"点 1→点 A"的方向一致。

③ Z 轴切削进给到粗车轮廓，进给方向与"点 A_1→点 B_1"的 Z 轴坐标变化一致。

④ X 轴、Z 轴按切削进给速度退刀，距离为 e（45°直线），退刀方向与各轴进刀方向相反。

⑤ Z 轴以快速移动速度退回到与点 2 的 Z 轴绝对坐标相同的位置。

⑥ 如果 X 轴再次进刀（$\Delta d + e$）后，移动的终点仍在"点 2→点 A_1"的连接中间（未达到或超出点 A_1），X 轴再次进刀（$\Delta d + e$），然后执行③；如果 X 轴再次进刀（$\Delta d + e$）后，移动的终点到达点 A_1 或超出了"点 2→点 A_1"的连接，X 轴进刀至点 A_1。

⑦ 沿粗车轮廓从点 A_1 切削进给至点 B_1。

⑧ 从点 B_1 快速移动到点 1，G71 代码循环执行结束，程序跳转到 NF 程序段的下一个程序段执行。

三、G70 代码的功能、格式和说明

1. 代码功能

刀具从起点位置沿着 NS~NF 程序段给出的工件精加工轨迹进行精加工。在使用 G71、G72 或 G73 代码进行粗加工后，用 G70 代码进行精车，单次完成精加工余量的切削。G70 代码循环结束时，刀具返回到起点并执行 G70 代码程序段后的下一个程序段。

精加工循环 G70 代码，主要用于精车外圆及内孔。

2. 代码常用格式

（1）格式：G70 P(NS)　Q(NF)　F＿＿＿　S＿＿＿　T＿＿＿；
　　　　　NS……（精车开始程序段）
　　　　　……（精车程序）
　　　　　NF……（精车结束程序段）

（2）参数含义：

NS——精车轨迹的第一个程序段的程序段号。

NF——精车轨迹的后一个程序段的程序段号。

G70 代码轨迹由 NS~NF 之间程序段的编程轨迹决定。

F——精车的切削进给速度。

S——精车时的主轴转速，若前面已有控制转速的程序段，此处可省略。

T——精车刀具号、刀具偏置号，若前面已调用精车刀，此处可省略。

3. 代码说明

（1）G70 代码必须在 NS~NF 程序段后编写。

（2）执行 G70 代码精加工循环时，NS~NF 程序段中的 F、S、T 代码有效。

（3）G96、G97、G98、G99、G40、G41、G42 代码在执行 G70 代码精加工循环时有效。

（4）G70 代码执行过程中，可以停止自动运行并手动移动，但要再次执行 G70 代码循环时，必须返回到手动移动前的位置。如果不返回就继续执行，后面的运行轨迹将

错位。

（5）执行单程式段的操作，在运行完当前轨迹的终点后程序暂停。

（6）录入方式中不能执行 G70 代码，否则产生报警。

（7）在同一程序中需要多次使用复合循环代码时，NS～NF 不允许有相同程序段号。

（8）退刀点要尽量高（加工外轮廓）或低（内轮廓），避免退刀碰到工件。

四、数控车削任务

数控车削如图 2-37 所示零件，毛坯为 $\phi 35\ mm \times 75\ mm$ 的 45 钢。

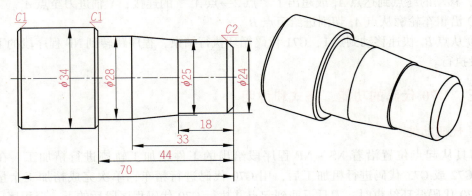

图 2-37 阶梯轴

1. 分析零件精度

零件材料为 45 钢。尺寸精度：均为自由公差，倒角 $C1$、$C2$。形位精度：没有要求。无其他技术要求。

2. 安排加工步骤（参考）

（1）车削图示工件的左端。

① 用三爪卡盘夹住 $\phi 35\ mm$ 的毛坯外圆，露出部分 30～35 mm。

② 手动车平端面。

③ 试切法对刀后，运用 G00、G01 代码或 G90 代码编程车削 $\phi 34\ mm$ 的外圆，长度 28 mm。

（2）车削图 2-37 所示工件的右端。

① 用三爪卡盘夹住裹有铜皮的 $\phi 34\ mm$ 的外圆，露出部分 48～50 mm。

② 手动车削端面，保证总长 70 mm。

③ 运用 G71 代码编程：粗车 $\phi 28\ mm$ 轴段、圆锥轴段、$\phi 24\ mm$ 轴段、倒角 $C2$、$C1$，留外圆精车余量 0.6 mm。

④ 运用 G70 代码编程：精车 $\phi 28\ mm$ 轴段、圆锥轴段、$\phi 24\ mm$ 轴段、倒角，至尺寸要求。

3. 选择机床、刀具和夹具

（1）选择 GSK980TDb 系统的数控车床。

（2）根据材料的加工特性——选择硬质合金刀具（YT15）。

(3) 刀具安排：外圆粗车刀 T02、外圆精车刀 T01。

(4) 夹具：三爪卡盘。

4. 选择车削用量

(1) a_p：粗车背吃刀量 1 mm。精车余量 0.6 mm（直径值）。

(2) v_c：转变为转速 n，n 暂定为 800~1 200 r/min。

(3) f：暂定为 0.08~0.1 mm/r。

5. 设定编程原点

工件旋转中心与工件右端面交点处，设定为编程原点。

6. 编写精加工参考程序段

图 2-37 中工件的左端车削，同学们自行编写。

(1) 车削工件右端的 G71 代码的参考轨迹。车削工件右端的 G71 代码的参考轨迹，如图 2-38 所示。

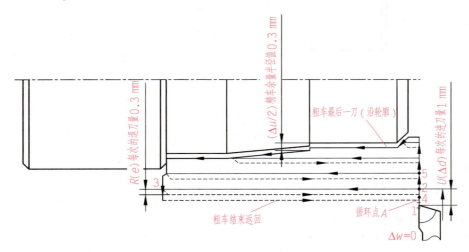

图 2-38 车削工件右端的 G71 代码的参考轨迹

由于 $\Delta w = 0$，即：粗车循环 Z 轴不留精车余量。

车刀从循环点 A 向 X 轴正方向退 $\Delta u/2$（精车余量的半径值）的距离至点 1。

车刀向 X 轴负方向进一个 $U(\Delta d)$ 值定位至点 2；Z 轴方向车削至点 3，车削到粗车结束程序段号 Q(NF) 中的 Z 的尺寸；退一个 $R(e)$ 的尺寸后，向 Z 轴正方向快速返回到循环点的 Z 坐标值，即退刀至点 4。

车刀再进一个 $U(\Delta d) + e$ 值，至点 5……如此循环。经过不断循环，粗车最后一刀是车削留有精车余量的工件轮廓，最后粗车刀返回（快速移动）至循环点。

(2) G70 代码精车的参考轨迹。精车的参考轨迹，如图 2-39 所示。

精车轨迹：从点 A 开始→快速进刀至点 2→沿工件外轮廓车削至点 11→快速退刀至点 A。车削掉粗加工留下的精车余量。

(3) 计算基点。精车的基点坐标值如图 2-40 所示。

(4) 精车参考程序段。

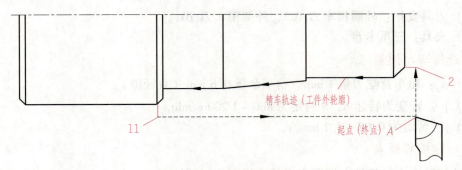

图 2-39 精车的参考轨迹

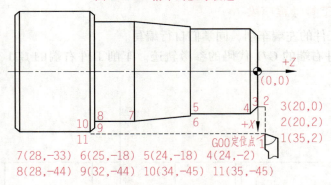

图 2-40 精车的基点坐标值

程序段		Z-18;	（车削至点 5）
T0101;		X25;	（车削至点 6）
G00 X35 Z2;	（定位至点 1）	X28 Z-33;	（车削至点 7）
G00 X20;	（定位至点 2）	Z-44;	（车削至点 8）
G01 Z0 F0.08;		X32;	（车削至点 9）
（车削至点 3，精车切削速度为：0.08 mm/r）		X34 Z-45;	（车削至点 10）
X24 Z-2;	（车削至点 4）	X35;	（车削至点 11）

7. 编写车削阶梯轴的参考程序（开启"自动生成程序段号"）

组合车削阶梯轴的参考程序段，再增加程序名、准备阶段的内容、结束语句等，就组成了数控车削阶梯轴的参考程序。

O0015	程序名（字母"O"开头）	
N10 T0202;	（调用 2 号外圆粗车刀及 2 号刀补值）	准备阶段
N20 G00 X100 Z100;	（将车刀定位到安全位置）	
N30 M03 S800 G99;	（主轴正转，转速 800 r/min，选用每转进给）	
N40 G00 X35 Z2;	（车刀定位到循环点 A）	G71 代码及参数设定
N50 G71 U1 R0.3;		
（粗车每刀的进刀量，即背吃刀量为 1 mm，每车削完一刀后的退刀量为 0.3 mm）		
N60 G71 P70 Q160 U0.6 W0 F0.1;		
（粗车从 N70 程序段开始至 N160 程序段结束，X 方向精车余量：直径为 0.6 mm，Z 方向的精车余量为零，粗车进给速度为 0.1 mm/r）		

N70 G00 X20； （精车开始程序段，车刀从点 1 定位到点 2，注意：不能有 Z 方向的移动） N80 G01 Z0 F0.08；　　（车削至点 3，精车进给速度为：0.08 mm/r） N90 X24 Z-2；　　（车削至点 4） N100 Z-18；　　（车削至点 5） N110 X25；　　（车削至点 6） N120 X28 Z-33；　　（车削至点 7） N130 Z-44；　　（车削至点 8） N140 X32；　　（车削至点 9） N150 X34 Z-45；　　（车削至点 10） N160 X35；　　（车削至点 11）	车床 粗车 外圆
N170 G00 X100 Z100；　　（车刀退至换刀位置）	
N180 M05；　　（主轴停止） N190 M00； （程序暂停、检测工件。完成后，按"循环启动"按钮或"运行"按钮）	检测 工件
N200 M03 S1200；　　（主轴正转，精车转速 1 200 r/min） N210 T0101；　　（调用 1 号外圆精车刀及 1 号刀补值） N220 G00 X35 Z2；　　（定位到循环点） N230 G70 P70 Q160；　　（精车工件）	精车外圆
N240 G00 X100 Z100；	退刀
N250 M30；	程序结束

任务实施

在实训基地的数控车工室，按照安全操作规程，加工该工件：
（1）装夹毛坯。
（2）分别对刃磨好的车刀进行试切法对刀。
（3）输入并检查参考程序。
（4）单段运行参考程序，隔着防护窗观察刀具轨迹。
（5）完成实训任务书。

课后练习

1. G71（Ⅰ型）代码有什么功能？格式是怎样的？
2. G70 代码有什么功能？格式是怎样的？
3. 编写如图 2-41 所示零件的车削程序。

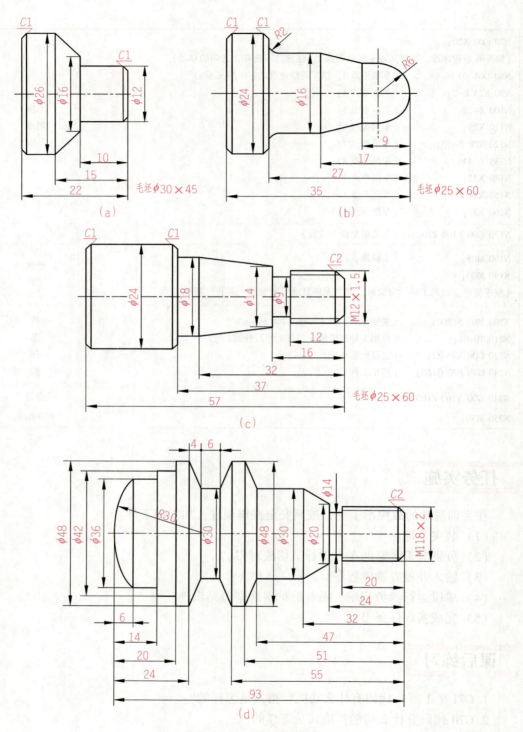

图 2-41 练习题 3 零件图

任务小结

本任务安排了复合型粗车循环代码 G71（Ⅰ型）与精车循环代码 G70，为同学们展现了 G71、G70 代码用于车削余量较大的轴类工件的粗车和精车。

同学们要记住 G71、G70 代码的格式，理解格式中参数的含义：

G71 的格式：G71 U(Δd) R(e)；
　　　　　　G71 P(NS) Q(NF) U(Δu) W(Δw) F ＿＿ S ＿＿ T ＿＿；
　　　　　　NS G0/G1 X(U) ……（精车开始程序段）
　　　　　　……（精车程序）
　　　　　　NF……（精车结束程序段）

G70 的格式：G70 P(NS) Q(NF) F ＿＿ S ＿＿ T ＿＿；

在任务实施中，要注意安全，多独立动手操作加工，积累加工经验。

任务七　运用 G71（Ⅰ型）、G70 代码编程车削套类工件

任务目标

（1）认识 G71（Ⅰ型）、G70 代码的功能和循环轨迹。
（2）记住 G71（Ⅰ型）、G70 代码的格式。
（3）熟练运用 G71（Ⅰ型）、G70 代码编程车削套类工件。

任务引入

前面的任务中，同学们学习了复合型粗车循环代码 G71（Ⅰ型）与精车循环代码 G70 的功能、格式和轨迹。本任务主要让同学们加强练习，达到熟练运用 G71（Ⅰ型）、G70 代码编程车削工件的目的。

数控车削任务：

数控车削如图 2-42 所示零件，毛坯为 $\phi 45$ mm×58 mm 的 45 钢。

知识链接

一、分析零件精度

此零件尺寸精度：所有尺寸均为自由公差，未注倒角 C1。形位精度：没有要求。无

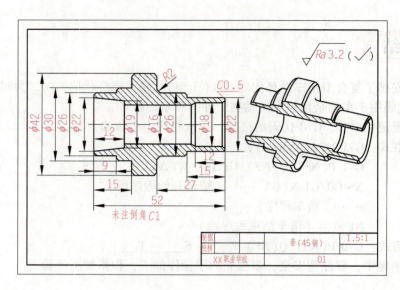

图 2-42 套

其他技术要求。

二、选择机床、刀具和夹具

（1）选择 GSK980TDb 系统的数控车床。
（2）根据材料的加工特性选择硬质合金刀具（YT15）。
（3）刀具安排：90°外圆车刀 T01、φ15 mm 麻花钻、通孔车刀 T02、盲孔车刀 T03。
（4）夹具：三爪卡盘。

三、选择车削用量

（1）a_p：粗车背吃刀量 1 mm。精车余量 0.6 mm（直径值）。
（2）v_c：转变为转速 n，n 暂定为 800~1 200 r/min。
（3）f：粗车时，暂定为 0.1 mm/r；
　　　精车时，暂定为 0.08 mm/r。

四、安排加工步骤（参考）

1. 车削套右端

（1）装夹毛坯，毛坯伸出部分长度略大于 42 mm，车端面。
（2）用 φ15 mm 麻花钻，钻通孔。
（3）用 G71 代码编程，粗车 φ42 mm 轴段、φ26 mm 轴段、φ22 mm 轴段。
（4）用 G70 代码编程，精车 φ42 mm 轴段、φ26 mm 轴段、φ22 mm 轴段。
（5）用 G71 代码编程，粗车 φ18 mm 的孔、φ16 mm 的孔。通孔车刀，最终伸入长度为 42 mm。

（6）用 G70 代码编程，精车 φ18 mm 的孔、φ16 mm 的孔。

2. 车削套左端

（1）装夹用铜皮裹住的 φ26 mm 轴段，车端面保证总长 52 mm。
（2）用 G71 代码编程，粗车 φ30 mm 轴段、φ26 mm 轴段。
（3）用 G70 代码编程，精车 φ30 mm 轴段、φ26 mm 轴段。
（4）用 G71 代码编程，粗车圆锥孔。
（5）用 G70 代码编程，精车圆锥孔。

五、编写参考程序

1. 编写车削套右端的参考程序

（1）加工套右端外圆。车端面、手动钻 φ15 mm 的内孔。

① 计算基点坐标值。基点坐标值，如图 2-43 所示。

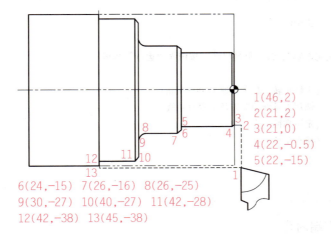

图 2-43 基点坐标值

② 编写加工参考程序（关闭"自动生成程序段号"）。

O0016	程序名（字母"O"开头）	
T0101； G00 X100 Z100； M03 S800 G99；	（调用1号外圆车刀及1号刀补值） （将车刀定位到安全位置） （主轴正转，转速 800 r/min，选用每转进给）	准备 阶段
G00 X46 Z2； G71 U1 R0.3； （粗车每刀的进刀量即背吃刀量为 1 mm，每车削完一刀后的退刀量为 0.3 mm） G71 P10 Q20 U0.6 W0 F0.1； （粗车从 N10 程序段开始至 N20 程序段结束，X 方向精车余量：直径为 0.6 mm，Z 方向的精车余量为零，粗车进给速度为 0.1 mm/r）	（车刀定位到循环点1）	G71 代码 及 参数 设定

N10 G00 X21；（精车开始程序段，车刀从循环点 1 定位到点 2，注意：不能有 Z 方向的移动） G01 Z0 F0.08；　　（车削至点 3，精车进给速度为：0.08 mm/r） X22 Z-0.5；　　　　（车削至点 4） Z-15；　　　　　　（车削至点 5） X24；　　　　　　　（车削至点 6） X26 Z-16；　　　　 （车削至点 7） Z-25；　　　　　　（车削至点 8） G02 X30 Z-27 R2； （车削至点 9） X40；　　　　　　　（车削至点 10） X42 Z-28；　　　　 （车削至点 11） Z-38；　　　　　　（车削至点 12） N20 X46；　　　　　（车削至点 13）	车床粗车外圆
G00 X100 Z100；　　（车刀退至换刀位置）	
M05；　　　　　　　（主轴停止） M00； （程序暂停、检测工件。完成后，按"循环启动"按钮或"运行"按钮）	检测工件
M03 S1200；　　　（主轴正转，精车转速 1 200 r/min） T0101；　　　　　　（调用 1 号外圆车刀及 1 号刀补值） G00 X46 Z2；　　　（定位到循环点） G70 P10 Q20；　　　（精车工件）	精车外圆
G00 X100 Z100；	退刀
M30；	程序结束

(2) 加工套右端内孔。

① 计算基点。基点坐标值，如图 2-44 所示。

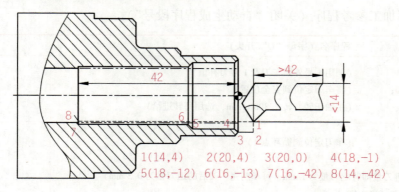

图 2-44　基点坐标值

② 编写加工参考程序（关闭"自动生成程序段号"）。此处采用 G71、G70 代码编程加工不是最好方案，可自己思考，优化编程方案。

O0017	程序名（字母"O"开头）	
T0202； G00 X150 Z150； M03 S800 G99；	（调用2号通孔车刀及2号刀补值） （将车刀定位到安全位置） （主轴正转，转速800 r/min，选用每转进给）	准备 阶段
G00 X14 Z4； （车刀定位到循环点1） G71 U1 R0.3； （粗车每刀的进刀量即背吃刀量为1 mm，每车削完一刀后的退刀量为0.3 mm） G71 P10 Q20 U-0.6 W0 F0.1； （粗车从N10程序段开始至N20程序段结束，X轴方向精车余量：直径为0.6 mm，方向为X轴负向。Z轴方向的精车余量为零，粗车进给速度为0.1 mm/r）		G71 代码 及 参数 设定
N10 G00 X20； （精车开始程序段，车刀从循环点1定位到点2，注意：不能有Z轴方向的移动） G01 Z0 F0.08； （车削至点3，精车进给速度为：0.08 mm/r） X18 Z-1； （车削至点4） Z-12； （车削至点5） X16 Z-13； （车削至点6） Z-42； （车削至点7） N20 X14； （车削至点8）		车床 粗车 外圆
G00 Z150； X150；		退刀
M05； （主轴停止） M00； （程序暂停、检测工件。完成后，按"循环启动"按钮或"运行"按钮）		检测 工件
M03 S1000； T0202； G00 X14 Z4； G70 P10 Q20；	（主轴正转，精车转速1 000 r/min） （调用2号通孔车刀及2号刀补值） （定位到循环点1） （精车工件）	精 车 外 圆
G00 Z150； X150；		退刀
M30；		程序结束

2. 编写车削套左端的参考程序

（1）加工套左端外圆。手动车端面保证总长52 mm。

① 计算基点。基点坐标值，如图2-45所示。

② 编写加工参考程序（关闭"自动生成程序段号"）。

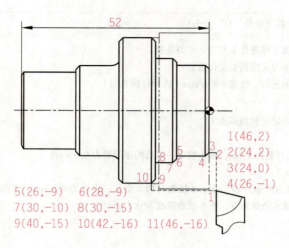

图 2-45 基点坐标值

O0018	程序名（字母"O"开头）	
T0101；	（调用1号外圆车刀及1号刀补值）	准备阶段
G00 X100 Z100；	（将车刀定位到安全位置）	
M03 S800 G99；	（主轴正转，转速800 r/min，选用每转进给）	
G00 X46 Z2；	（车刀定位到循环点1）	G71代码及参数设定
G71 U1 R0.3；		
（粗车每刀的进刀量即背吃刀量为1 mm，每车削完一刀后的退刀量为0.3 mm）		
G71 P10 Q20 U0.6 W0 F0.1；		
（粗车从N10程序段开始至N20程序段结束，X轴方向精车余量：直径为0.6 mm，Z轴方向的精车余量为零，粗车进给速度为0.1 mm/r）		
N10 G00 X24；		车床粗车外圆
（精车开始程序段，车刀从循环点1定位到点2，注意：不能有Z轴方向的移动）		
G01 Z0 F0.08；	（车削至点3，精车进给速度为：0.08 mm/r）	
X26 Z-1；	（车削至点4）	
Z-9；	（车削至点5）	
X28；	（车削至点6）	
X30 Z-10；	（车削至点7）	
Z-15；	（车削至点8）	
X40；	（车削至点9）	
X42 Z-16；	（车削至点10）	
N20 X46；	（车削至点11）	
G00 X100 Z100；	（车刀退至换刀位置）	
M05；	（主轴停止）	检测工件
M00；		
（程序暂停，检测工件。完成后，按"循环启动"按钮或"运行"按钮）		
M03 S1200；	（主轴正转，精车转速1 200 r/min）	精车外圆
T0101；	（调用1号外圆车刀及1号刀补值）	
G00 X46 Z2；	（定位到循环点）	
G70 P10 Q20；	（精车工件）	

G00 X100 Z100；	退刀
M30；	程序结束

(2) 加工套左端内孔。

① 计算基点。基点坐标值，如图 2-46 所示。

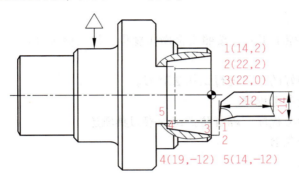

图 2-46　基点坐标值

② 编写车削套的参考程序（关闭"自动生成程序段号"）。

O0019	程序名（字母"O"开头）	
T0303； G00 X100 Z100； M03 S800 G99；	（调用 3 号盲孔车刀及 3 号刀补值） （将车刀定位到安全位置） （主轴正转，转速 800 r/min，选用每转进给）	准备 阶段
G00 X14 Z2； G71 U1 R0.3； （粗车每刀的进刀量即背吃刀量为 1 mm，每车完一刀后的退刀量为 0.3 mm） G71 P10 Q20 U-0.6 W0 F0.1； （粗车从 N10 程序段开始至 N20 程序段结束，X 轴方向精车余量：直径为 0.6 mm，方向为 X 轴负向。Z 轴方向的精车余量为零，粗车进给速度为 0.1 mm/r）		G71 代码 及 参数 设定
N10 G00 X22； （精车开始程序段，车刀从循环点 1 定位到点 2，注意：不能有 Z 轴方向的移动） G01 Z0 F0.08；　（车削至点 3，精车进给速度为：0.08 mm/r） X19 Z-12；　（车削至点 4） N20 X14；　（车削至点 5）		精加 工程 序段
G00 Z100； X100；		退刀
M05； M00； （程序暂停、检测工件。完成后，按"循环启动"按钮或"运行"按钮）	（主轴停止）	检测 工件
M03 S1000； T0303； G00 X14 Z4； G70 P10 Q20；	（主轴正转，精车转速 1 000 r/min） （调用 3 号盲孔车刀及 3 号刀补值） （定位到循环点） （精车工件）	精 车 外 圆

G00 Z100; X100;	退刀
M30;	程序结束

任务实施

在实训基地的数控车工室,按照安全操作规程,加工该工件:
(1) 装夹毛坯。
(2) 分别对刃磨好的车刀进行试切法对刀。
(3) 输入并检查参考程序。
(4) 单段运行参考程序,隔着防护窗观察刀具轨迹。
(5) 完成实训任务书。

课后练习

编写如图 2-47 所示零件的车削程序。

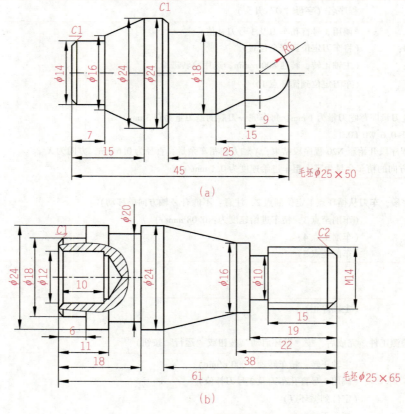

图 2-47 练习题零件图

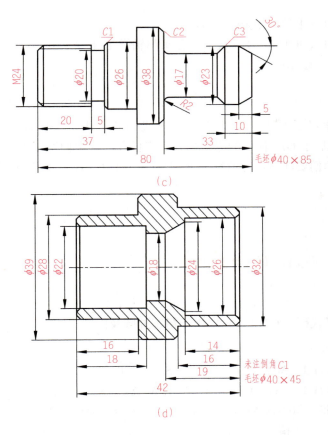

图 2-47 练习题零件图（续）

任务小结

本任务安排了复合型粗车循环代码 G71（Ⅰ型）与精车循环代码 G70，展现了 G71、G70 代码用于粗车和精车外圆和内孔的编程。同学们要理解车削的加工步骤，以及程序的内容。注意：运用 G71 车削外圆时，精车余量 U 为直径值，且为正值；运用 G71 车削内孔时，精车余量 U 也为直径值，但为负值。

任务八　掌握 G71（Ⅱ型）的功能、格式和循环轨迹

任务目标

（1）认识 G71（Ⅱ型）代码的功能和循环轨迹。

(2) 记住 G71（Ⅱ型）代码的格式。

(3) 运用 G71（Ⅱ型）、G70 代码编程车削轴类工件。

任务引入

前面同学们学习了 G71（Ⅰ型）与 G70 代码的运用。GSK980TDb 系统增设了 G71（Ⅱ型）代码，拓展了 G71 代码的应用场合。本任务为同学们安排了 G71（Ⅱ型）代码的学习和应用。同学们要注意区分 G71（Ⅱ型）与 G71（Ⅰ型）的不同之处。

知识链接

一、G71(Ⅱ型)代码的功能和格式

1. 代码功能

轴向粗车循环代码（G71），主要用于粗车外圆及内孔。

2. 代码常用格式

(1) 格式：G71 U(Δd) R(e) F____ S____ T____;
　　　　　G71 P(NS) Q(NF) U(Δu) W(Δw) K____ J____;
　　　　　NS　G0/G1 X(U) Z(W)……（精车开始程序段）
　　　　　……（精车程序）
　　　　　NF……（精车结束程序段）

(2) 各参数含义。

U(Δd)、R(e)、P(NS)、Q(NF)、U(Δu)、W(Δw)、F、S、T 的含义与 G71（Ⅰ型）代码中的含义一样。

K——当 K 不输入或者 K 不为 1 时，系统不检查程序的单调性（除了圆弧或椭圆或抛物线的起点和终点的 Z 值相等或圆弧大于 180°）。当 K = 1 时，系统检查程序的单调性。

J——当 J 不输入或者 J 不为 1 时，系统不会沿着粗车轮廓再运行一次；当 J = 1 时，系统会沿着粗车轮廓再运行一次。

二、G71(Ⅱ型)代码说明、执行过程和注意事项

1. 代码说明

G71（Ⅱ型）的代码说明与 G71（Ⅰ型）代码的说明很多方面是相同的，不相同的方面有：

(1) 相关定义：Ⅱ型比Ⅰ型多 1 个参数——J。

(2) 沿 X 轴的外形轮廓不必单调递增或单调递减，并且最多可以有 10 个凹槽，如图 2-48 所示。

(3) 沿 Z 轴的外形轮廓必须单调递增或递减，如图 2-49 所示。

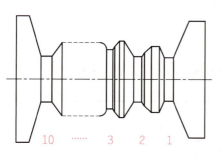

图 2-48 凹槽

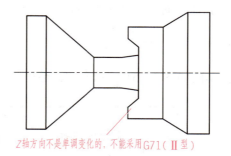

图 2-49 Z 轴的外形轮廓不单调

(4) 第一刀不必垂直：如果沿 Z 轴为单调变化的形状就可进行加工。

(5) 车削后，应该退刀，退刀量可由 R(e) 参数指定。

2. 代码执行过程：粗车轨迹：$A \rightarrow H$

粗车轨迹，如图 2-50 所示。

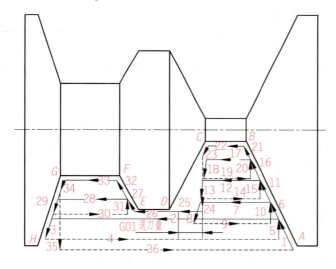

图 2-50 粗车轨迹

3. 注意事项

(1) 精车轨迹（NS~NF 程序段），Z 轴尺寸必须是单调变化（一直增大或一直减小），类型Ⅰ中 X 轴尺寸也必须是单调变化，类型Ⅱ则不需要。

(2) NS 程序段只能是 G00、G01 代码，Ⅱ型必须指定 X(U) 和 Z(W) 两个轴；当 Z 轴不移动时也必须指定 W0。

(3) 对于Ⅱ型，精车余量只能指定 X 轴方向，如果指定了 Z 轴方向上的精车余量，则会使整个加工轨迹发生偏移。如果指定，最好指定为零。

(4) 对于Ⅱ型，当前槽切削结束，要切削下个槽的时候，留下退刀量的距离让刀以 G01 代码的速度靠向工件（标号 25 和 26），如果退刀量为零或者剩余距离小于退刀量，系统以 G01 代码靠向工件。

（5）其他方面与G71（Ⅰ型）代码基本相同。

三、数控车削任务

数控车削如图2-51所示零件，毛坯为φ35 mm×120 mm的45钢。

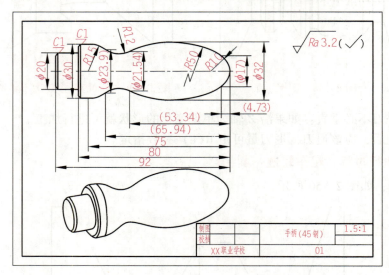

图2-51 手柄

1. 分析零件精度

此零件材料为45钢，表面粗糙度Ra不大于3.2 μm。尺寸精度，均为自由公差，倒角$C1$。形位精度：没有要求。无其他技术要求。

2. 安排加工步骤（参考）

（1）用三爪卡盘夹住φ35 mm的毛坯外圆，露出部分大于96 mm。

（2）手动车平端面。

（3）试切法对刀后，运用G71（Ⅱ型）代码编程，粗车手柄。

（4）运用G70代码编程，精车手柄。

（5）用切槽刀，运用G00、G01代码编程车削φ20 mm圆柱面、倒角以及切断。

3. 选择机床、刀具和夹具

（1）选择GSK980TDb系统的数控车床。

（2）根据材料的加工特性选择硬质合金刀具（YT15）。

（3）刀具安排：外圆车刀T01（副偏角≥27°）、切槽刀T02（刀宽4 mm）。

（4）夹具：三爪卡盘。

4. 选择车削用量

（1）a_p：粗车背吃刀量1 mm，精车余量0.6 mm（直径值）。

（2）v_c：转变为转速n，n暂定为800~1 200 r/min。

（3）f：暂定为0.08~0.1 mm/r。

5. 设定编程原点

工件旋转中心与工件右端面交点处,设定为编程原点。

6. 编写车削参考程序段

(1) 精车手柄部分的参考程序段。手柄部分的基点坐标值,如图2-52所示。

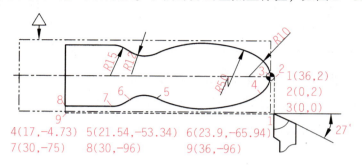

图2-52 手柄部分的基点坐标值

程序段		
T0101;	G03 X17 Z-4.73 R10;	(车削至点4)
G00 X36 Z2; (定位至点1)	G03 X21.54 Z-53.34 R50;	(车削至点5)
G00 X0 Z2; (定位到点2)	G02 X23.9 Z-65.94 R12;	(车削至点6)
G01 Z0 F0.08;	G03 X30 Z-75 R15;	(车削至点7)
(车削至点3,精车切削速度为0.08 mm/r)	G01 Z-96;	(车削至点8)
	X36;	(车削至点9)

(2) 车削 ϕ20 mm 圆柱面的参考程序。车削 ϕ20 mm 圆柱面、切断的基点坐标值,如图2-53所示。

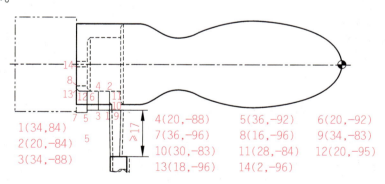

图2-53 车削 ϕ20 mm 圆柱面、切断的基点坐标值

程序段		
M03 S300;	G00 X36;	
T0202;	Z-96;	(定位至点7)
G00 X100 Z100;	G01 X16 F0.03;	(车削到点8)
G00 Z-84;	G00 X34;	
X34; (定位至点1)	Z-83;	(定位至点9)
	G01 X30 F0.1;	(车削到点10)

G01 X20 F0.03；	（车削到点2）	X28 Z-84 F0.03；	（车削到点11）
G00 X34；		X20；	（车削到点2）
Z-88；	（定位至点3）	Z-95；	（车削到点12）
G01 X20 F0.03；	（车削到点4）	X18 Z-96；	（车削到点13）
G00 X36；		X2；	（车削到点14）
Z-92；	（定位至点5）	G00 X100；	
G01 X20 F0.03；	（车削到点6）	Z100；	（退刀，先 X 向退刀）

（3）组合参考程序段，编写车削手柄的参考程序。

O0020	程序名（字母"O"开头）	
T0101； （调用1号外圆车刀及1号刀补值） G00 X100 Z100； （将车刀定位到安全位置） M03 S800 G99； （主轴正转，转速800 r/min，选用每转进给）		准备 阶段
G00 X36 Z2； （车刀定位到起点） G71 U1 R0.3； （粗车每刀的进刀量即背吃刀量为1 mm，每车削完一刀后的退刀量为0.3 mm） G71 P10 Q20 U0.6 W0 F0.1； （粗车从N10程序段开始至N20程序段结束，X轴方向精车余量：直径为0.6 mm，粗车进给速度为0.1 mm/r。注意：G71（Ⅱ型），Z轴方向不能留精加工余量，但W0不能省略）		G71 代码 及参数 设定
N10 G00 X0 Z2； （精车开始程序段。注意：这里和Ⅰ型的格式不同，Ⅰ型只能X方向移动，而Ⅱ型必须双轴联动，哪怕Z方向不需移动也要写上Z2） G01 Z0 F0.08； （精车进给速度为0.08 mm/r） G03 X17 Z-4.73 R10； G03 X21.54 Z-53.34 R50； G02 X23.9 Z-65.94 R12； G03 X30 Z-75 R15； G01 Z-96； N20 X36；		精 加 工 程 序 段
G00 X100 Z100； （车刀退至换刀位置）		
M05； （主轴停止） M00； （程序暂停、检测工件。完成后，按"循环启动"按钮或"运行"按钮）		检测 工件
M03 S1200； （主轴正转，精车转速1 200 r/min） T0101； （调用1号外圆车刀及1号刀补值） G00 X36 Z2； （定位到循环点） G70 P10 Q20； （精车工件）		精车 外圆
G00 X100 Z100；		退刀
M03 S300； T0202； （调用2号切槽刀及2号刀补值） G00 X100 Z100； G00 Z-84；		车削 $\phi 20$ mm 圆柱面 及切断

X34; G01 X20 F0.03; G00 X34; Z-88; G01 X20 F0.03; G00 X36; Z-92; G01 X20 F0.03; G00 X36; Z-96; G01 X16 F0.03; G00 X34; Z-83; G01 X30 F0.1; X28 Z-84 F0.03; X20; Z-95; X18 Z-96; X2;	车削 ϕ20 mm 圆柱面 及切断
G00 X100;　　　（退刀，先 X 轴方向退刀） Z100;	退刀
M30;	程序结束

任务实施

在实训基地的数控车工室，按照安全操作规程，加工该工件：
（1）装夹毛坯。
（2）分别对刃磨好的车刀进行试切法对刀。
（3）输入并检查参考程序。
（4）单段运行参考程序，隔着防护窗观察刀具轨迹。
（5）完成实训任务书。

课后练习

编写如图 2-54 所示零件的车削程序。

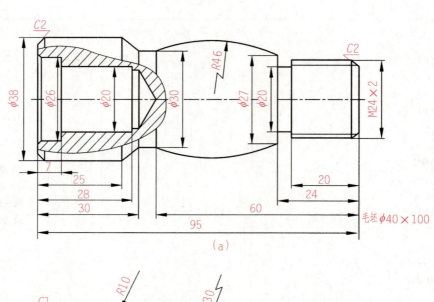

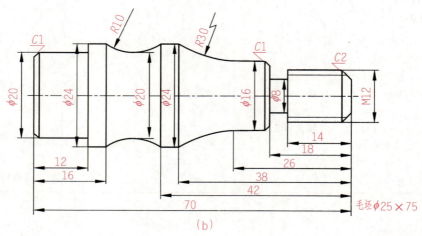

图 2-54 练习题零件图

任务小结

本任务安排了运用 G71（Ⅱ型）代码车削手柄的加工案例，展现了 G71（Ⅱ型）、G70 代码用于粗车和精车 X 轴尺寸非单调变化的工件。运用 G71（Ⅱ型）代码编程时，要注意与 G71（Ⅰ型）代码的不同之处。要理解刀具在加工中的循环轨迹。在任务实施中，同学们要多独立动手操作加工，调整切削用量，积累加工经验。

任务九　运用 G72、G70 代码编写车盘类零件的程序

任务目标

（1）认识 G72 代码的功能和循环轨迹。
（2）记住 G72 代码的格式。
（3）运用 G72、G70 代码编程车削盘类工件。

任务引入

G71 代码是轴向车削循环代码。那么，径向车削循环代码是什么呢？径向车削循环用于车削什么样的工件呢？本任务就安排了 G72 代码的学习和应用。G72 代码的功能、格式和轨迹是学习的重点。

知识链接

一、G72 代码的功能、格式和说明

1. 代码功能

径向粗车循环代码（G72），主要用于粗车外圆，适用于对"长径比"较小的盘类工件进行粗车。

2. 代码常用格式

（1）格式：G72 W(Δd) R(e)；
　　　　　G72 P(NS) Q(NF) U(Δu) W(Δw) F____ S____ T____；
　　　　　NS……（精车开始程序段）
　　　　　……（精车程序）
　　　　　NF……（精车结束程序段）

（2）各参数含义：

W(Δd)——粗车时 Z 轴的切削量（进刀量），无符号，进刀方向由 NS 程序段的移动方向决定。

R(e)——粗车时 Z 轴的退刀量，无符号，退刀方向与进刀方向相反。

P(NS)——精车轨迹的第一个程序段的程序段号。

Q(NF)——精车轨迹的最后一个程序段的程序段号。

U（Δu）——粗车时 X 轴方向留出的精加工余量（粗车轮廓相对于精车轨迹的 X 轴方向的坐标偏移），直径值，有符号（一般车外圆为正值，车内孔为负值）。

W（Δw）——粗车时 Z 轴方向留出的精加工余量（粗车轮廓相对于精车轨迹的 Z 轴坐标偏移），有符号。

F——粗车的切削进给速度。

S——粗车时的主轴转速，若前面已有控制转速的程序段，此处可省略。

T——粗车刀具号、刀具偏置号，若前面已调用粗车刀，此处可省略。

在 G72 代码循环中，NS～NF 间程序段号的 M、S、T、F 功能都无效，仅在有 G70 代码精车循环的程序段中才有效。

3. 代码说明

（1）NS～NF 程序段必须紧跟在 G72 程序后编写。如果在 G72 程序段前编写，系统自动搜索到 NS～NF 程序段并执行，执行完成后，按顺序执行 NF 程序段的下一程序，因此会引起重复执行 NS～NF 程序段。

（2）执行 G72 程序时，NS～NF 程序段仅用于计算粗车轮廓，程序段并未被执行。NS～NF 程序段中的 F、S、T 代码在执行 G72 代码循环时无效。执行 G70 代码精加工循环时，NS～NF 程序段中的 F、S、T 代码有效。

（3）NS 程序段只能是不含 X（U）代码字的 G00、G01 代码，否则报警。

（4）精车轨迹（NS～NF 程序段），X、Z 轴的尺寸都必须是单调变化（一直增大或一直减小）。

（5）NS～NF 程序段中，只能有 G 代码；不能有子程序调用代码（如 M98/M99）。

（6）G96、G97、G98、G99、G40、G41、G42 代码在执行 G72 代码循环中无效，执行 G70 代码精加工循环时有效。

（7）在 G72 代码执行过程中，可以停止自动运行并手动移动，但要再次执行 G72 代码循环时，必须返回到手动移动前的位置。如果不返回就继续执行，后面的运行轨迹将错位。

（8）执行进给保持、单程式段的操作，在运行完当前轨迹的终点后程序暂停。

（9）Δd、Δw 都用同一地址 W 指定，其区分是根据该程序段有无指定 P、Q 代码字。

（10）在同一程序中需要多次使用复合循环代码时，NS～NF 不允许有相同程序段号。

（11）在录入方式中不能执行 G72 代码，否则产生报警。

（12）退刀点要尽量高（车削外圆）或低（车削内孔），以避免退刀碰到工件。

二、G72 代码的循环轨迹

G72 代码的循环轨迹，如图 2-55 所示。

1. 图示循环轨迹

（1）从点 A 快速移动至点 A_1→移动 Δd 至点 1→车削至点 2→快速退刀至点 3。

（2）从点 3 移动（Δ$d+e$）至点 4→车削至点 5→快速退刀至点 6。

（3）从点 6 移动（Δ$d+e$）至点 7→车削至点 8→快速退刀至点 9。

（4）从点 9 移动至点 B_1→车削至点 C_1→快速退刀至点 A。

2. 执行过程

（1）从起点 A 快速移动到点 A_1，X 轴方向移动 Δu、Z 轴方向移动 Δw。

（2）从点 A 在 Z 轴方向移动 Δd（进刀）。NS 程序段如果是 G00，则按快速移动速度进刀；NS 程序段如果是 G01，按 G72 代码的切削进给速度 F 进刀，进刀方向与"点 A→点 B"的方向一致。

（3）X 轴方向切削进给到粗车轮廓，进给方向与"点 B→点 C"的 X 轴坐标变化一致。

（4）X 轴、Z 轴按切削进给速度退刀（45°直线），退刀方向与各轴进刀方向相反。

（5）X 轴以快速移动速度退回到与点 A_1 的 Z 轴绝对坐标相同的位置（从点 2 快速退刀至点 3）。

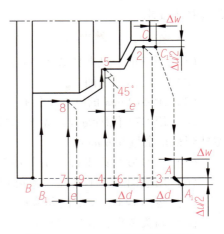

图 2-55 G72 代码的循环轨迹

（6）如果 Z 轴再次进刀（$\Delta d + e$）后，移动的终点仍在"点 A_1→点 B_1"的中间（未达到或超出点 B_1）时，则执行第（3）步；如果 Z 轴再次进刀（$\Delta d + e$）后，移动的终点到达点 B_1 或超出了"点 A_1→点 B_1"的距离，Z 轴进刀至点 B_1 执行第（7）步。

（7）沿粗车轮廓从点 B_1 切削进给至点 C_1。

（8）从点 C_1 快速移动到点 A，G72 代码循环执行结束，程序跳转到 NF 程序段的下一个程序段执行。

三、数控车削任务

数控车削如图 2-56 所示零件，毛坯为 $\phi45\ \text{mm} \times 45\ \text{mm}$ 的 45 钢。

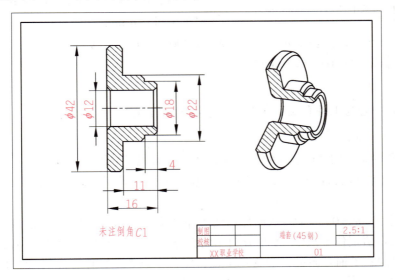

图 2-56 端套

1. 分析零件精度

此零件材料为 45 钢。尺寸精度，均为自由公差，倒角 $C1$。形位精度：没有要求。无其他技术要求。

2. 安排加工步骤（参考）

（1）用三爪卡盘夹住 $\phi45$ mm 的毛坯外圆，露出部分大于 20 mm。

（2）手动车平端面。

（3）用 $\phi12$ mm 的麻花钻钻孔。

（4）用 G72 代码编程：粗车 $\phi42$ mm 轴段、$\phi22$ mm 轴段、$\phi18$ mm 轴段、倒角 $C1$，留外圆精车余量 0.6 mm。

（5）用 G70 代码编程，精车 $\phi42$ mm 轴段、$\phi22$ mm 轴段、$\phi18$ mm 轴段、倒角 $C1$。

（6）用端面刀，手动孔口倒角 $C1$。

（7）运用 G00、G01 代码编程，左端倒角 $C1$、切断。

（8）调头装夹，孔口倒角 $C1$。

3. 选择机床、刀具和夹具

（1）选择 GSK980TDb 系统的数控车床。

（2）根据材料的加工特性选择硬质合金刀具（YT15）。

（3）刀具安排：外圆车刀 T01（比左偏刀的主偏角大 2°~3°）、切槽刀 T02（刀宽 4 mm），如图 2-57 所示。

（4）夹具：三爪卡盘。

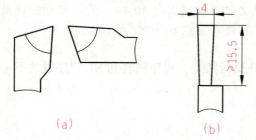

图 2-57 刀具的安排
（a）T01 外圆车刀；（b）T02 切槽刀

4. 选择车削用量

（1）a_p：粗车背吃刀量 1 mm。直径方向留精车余量 0.4 mm。

（2）v_c：转变为转速 n，n 暂定为 800~1 200 r/min。

（3）f：暂定为 0.08~0.1 mm/r。

5. 设定编程原点

工件旋转中心与工件右端面交点处，设定为编程原点。

6. 编写外圆精加工参考程序段

手动车平端面、用 $\phi12$ mm 的麻花钻钻孔后，编程车外圆并切断。

（1）车削端套右端的 G72 代码的轨迹。车削端套右端的 G72 代码的轨迹，如图 2-58 所示。

粗车轨迹（$\Delta w = 0$）：车刀从循环点向 X 轴正向移动 Δu（直径）至点 1，在 Z 轴方向进一个 $U(\Delta d)$ 值定位至点 2；X 轴方向车削至点 3，退一个 $R(e)$ 的尺寸后，在 X 轴方向快速返回到点 4；Z 轴方向进一个 $\Delta d + e$ 值，定位至点 5，车削至点 6，退刀至点 7，Z 轴方向进一个 $\Delta d + e$ 值，定位至点 8……如此循环。

经过不断循环后，粗车最后一刀为沿粗车轮廓车削（留有精车余量），最后返回（快速移动）至循环点 A。

（2）计算基点。基点坐标值，如图 2-59 所示。

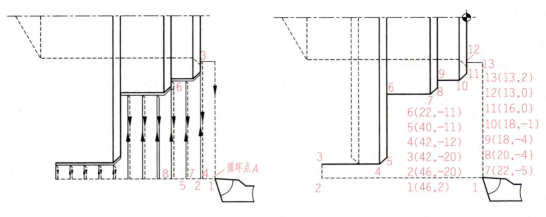

图 2-58　G72 代码的轨迹　　　　　　　图 2-59　基点坐标值

（3）精车参考轨迹。精车轨迹：从点 1 开始→快速进刀至点 2→沿工件外轮廓车削至点 13→快速退刀至点 1。车削掉粗加工留下的精车余量。

（4）精车参考程序段。

程序段	
G00 X46 Z2;	（定位至点 1）
G00 Z-20;	
G01 X42 F0.08;	
（车削至点 3，精车切削速度为：0.06 mm/r）	
Z-12;	（车削至点 4）
X40 Z-11;	（车削至点 5）
X22;	（车削至点 6）
Z-5;	（车削至点 7）
X20 Z-4;	（车削至点 8）
X18;	（车削至点 9）
Z-1;	（车削至点 10）
X16 Z0;	（车削至点 11）
X13;	（车削至点 12）
Z2;	（车削至点 13）

7. 编写倒角 C1、切断的参考程序

基点坐标值，如图 2-60 所示。

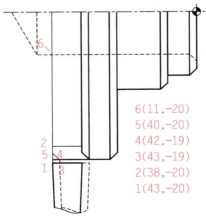

图 2-60　基点坐标值

程序段	G00 X43；	（定位至点1）
M03 S300；	Z-19；	（定位至点3）
T0202；	G01 X42 F0.03；	（车削至点4）
G00 X100 Z100；	X40 Z-20；	（倒角至点5）
Z-20；	X11；	（车削至点6）
X43；　　　（定位至点1）	G00 X100；	（先 X 轴方向退刀）
G01 X38 F0.03；（车削至点2）	Z100；	

8. 编写车削端套的参考程序

O0021	程序名（字母"O"开头）	
T0101； （调用1号外圆车刀及1号刀补值） G00 X100 Z100； （将车刀定位到安全位置） M03 S500 G99； （主轴正转，转速 500 r/min，选用每转进给）		准备 阶段
G00 X46 Z2； （车刀定位到循环点） G72 W2 R0.3； （粗车每刀的进刀量，即 Z 轴方向进刀为 2 mm，每车削完一刀后的退刀量为 0.3 mm） G72 P10 Q20 U0.4 W0 F0.1； （粗车从 N10 程序段开始至 N20 程序段结束，X 轴方向精车余量：直径为 0.4 mm，粗车进给速度为 0.1 mm/r）		G72 代码 参数 设定
N10 G00 Z-20； G01 X42 F0.08 Z-12； X40 Z-11； X22； Z-5； X20 Z-4； X18； Z-1； X16 Z0； X13； N20 Z2；		车床 粗车 外圆
G00 X100 Z100； （车刀退至换刀位置）		
M05； （主轴停止） M00； （程序暂停、检测工件。完成后，按"循环启动"按钮或"运行"按钮）		检测 工件
M03 S800； （主轴正转，精车转速 800 r/min） T0101； （调1号外圆车刀及1号刀补值） G00 X46 Z2； （定位到循环点） G70 P10 Q20； （精车工件）		精 车 外 圆
G00 X100 Z100；		退刀

M03 S300； T0202； G00 Z-20； X43； G01 X38 F0.03； G00 X43； Z-19； G01 X42 F0.03； X40 Z-20； X11；	倒角及切断
G00 X100；　　　（先X轴方向退刀） Z100；	退刀
M30；	程序结束

任务实施

在实训基地的数控车工室，按照安全操作规程，加工该工件：
(1) 装夹毛坯。
(2) 分别对刃磨好的车刀进行试切法对刀。
(3) 输入并检查参考程序。
(4) 单段运行参考程序，隔着防护窗观察刀具轨迹。
(5) 完成实训任务书。

课后练习

编写如图 2-61 所示零件的车削程序。车削外圆用 4 mm 宽的切槽刀。

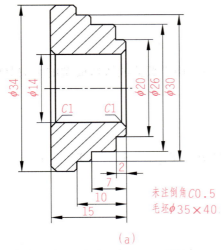
(a)

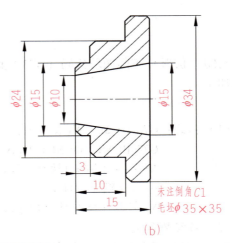
(b)

图 2-61　练习题零件图

任务小结

本任务安排了运用 G72、G70 代码编程车削盘类工件,展现了 G72 代码的车削轨迹。运用 G72 代码编程时,要注意精车程序段中 Z 轴方向的移动。在任务实施中,同学们要多独立动手操作加工,调整切削用量,积累加工经验。

任务十 运用 G73、G70 代码编程仿形车削轴类零件

任务目标

(1) 认识 G73 代码的功能和循环轨迹。
(2) 记住 G73 代码的格式。
(3) 运用 G73、G70 代码编程仿形车削轴类工件。

任务引入

G73 代码是什么车削循环代码?主要用于车削什么样的工件呢?本任务就安排了 G73 代码的学习和应用。G73 代码的功能、格式和轨迹是同学们学习的重点。

知识链接

一、G73 代码的功能、格式和说明

1. 代码功能

封闭(仿形)车削循环代码(G73 代码),主要用于锻造或铸造成型的半成品的车削编程加工。

2. 代码常用格式

(1) 格式:G73 U(Δi) W(Δk) R(d);
　　　　　G73 P(NS) Q(NF) U(Δu) W(Δw) F____ S____ T____;
　　　　　NS……(精车开始程序段)
　　　　　……(精车程序)
　　　　　NF……(精车结束程序段)

(2) 各参数含义:

Δi——X 轴粗车退刀量,半径值。可理解为:粗车时,X 轴的总的背吃刀量(半径

值）等于 $|\Delta i|$。X 轴的车削方向与 Δi 的符号相反：$\Delta i > 0$，粗车时向 X 轴的负方向车削。

Δk：Z 轴粗车退刀量。可理解为：粗车时，Z 轴的总车削量等于 $|\Delta k|$。Z 轴的车削方向与 Δk 的符号相反：$\Delta k > 0$，粗车时向 Z 轴的负方向车削。

R(d)——车削循环的次数，如 R5 表示 5 次车削完成封闭（仿形）车削。

P(NS)——精车轨迹的第一个程序段的程序段号。

Q(NF)——精车轨迹的最后一个程序段的程序段号。

U(Δu)——X 轴的精车余量，直径值，有符号（一般车外圆为正值，车内孔为负值）。粗车轮廓相对于精车轨迹的 X 轴坐标偏移。U(Δu) 未输入时，系统按 $\Delta u = 0$ 处理，即：粗车循环 X 轴不留精车余量。

W(Δw)——Z 轴的精车余量及方向，有符号。粗车轮廓相对于精车轨迹的 Z 轴坐标偏移。W(Δw) 未输入时，系统按 $\Delta w = 0$ 处理，即：粗车循环 Z 轴不留精车余量。

F——粗车的车削进给速度。

S——粗车时的主轴转速，若前面已有控制转速的程序段，此处可省略。

T——粗车刀具号、刀具偏置号，若前面已调用粗车刀，此处可省略。

3. 代码说明

（1）执行 G73 代码时，NS~NF 程序段仅用于计算粗车轮廓，程序段并未被执行。NS~NF 程序段中的 F、S、T 代码在执行 G73 循环时无效；执行 G70 代码精加工循环时，NS~NF 程序段中的 F、S、T 代码有效。

（2）在顺序号 P(NS) 表示的精车开始程序段中，只能是 G00 或 G01 代码。

（3）NS~NF 程序段必须紧跟在 G73 代码程序段后编写。

（4）NS~NF 程序段中，只能有 G 代码功能；不能有子程序调用代码（如 M98/M99 代码）。

（5）执行进给保持、单程式段的操作，在运行完当前轨迹的终点后程序暂停。

（6）在 G73 代码执行过程中，可以停止自动运行并手动移动，但要再次执行 G73 代码循环时，必须返回到手动移动前的位置。如果不返回就继续执行，后面的运行轨迹将错位。

（7）Δi、Δu 都用同一地址 U 指定，Δk、Δw 都用同一地址 W 指定，其根据该程序段有无指定 P、Q 代码区分。

（8）在录入方式中不能执行 G73 代码，否则报警。

（9）在同一程序中需要多次使用复合循环代码时，NS~NF 不允许有相同程序段号。

（10）G96、G97、G98、G99、G40、G41、G42 代码在执行 G73 代码循环中无效，执行 G70 代码精加工循环时有效。

二、G73 代码的循环轨迹

G73 代码的循环轨迹，如图 2-62 所示。

（1）精车轨迹：由代码的 NS~NF 程序段给出的工件精加工轨迹，精加工轨迹的起点（即 NS 程序段的起点）与 G73 代码的起点、终点相同，简称点 A；精加工轨迹的第一段（NS 程序段）的终点简称点 B；精加工轨迹的终点（NF 程序段的终点）简称点 C。精车轨迹为：点 $A \to$ 点 $B \to$ 点 C。

（2）粗车轨迹：精车轨迹的一组偏移轨迹，粗车轨迹数量与车削次数相同。坐标偏移后精车轨迹的 A、B、C 点分别对应粗车轨迹的 A_n、B_n、C_n 点（n 为车削的次数，第一

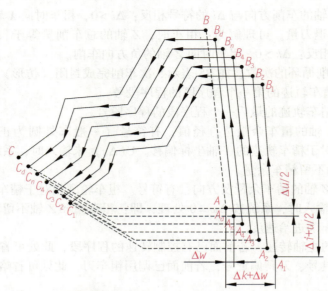

图 2-62 G73 代码的循环轨迹

次车削表示为 A_1、B_1、C_1 点,最后一次表示为 A_d、B_d、C_d 点)。第一次车削相对于精车轨迹的坐标偏移量为 ($\Delta i \times 2 + \Delta u$, $\Delta w + \Delta k$)(按直径编程表示),最后一次车削相对于精车轨迹的坐标偏移量为 (Δu, Δw),每一次车削相对于上一次车削轨迹的坐标偏移量为 $\left(-\dfrac{\Delta i \times 2}{1\ 000 \times d - 1}, -\dfrac{\Delta k}{1\ 000 \times d - 1}\right)$。

(3) 代码执行过程:

① $A \to A_1$: 快速移动。

② 第一次粗车,$A_1 \to B_1 \to C_1$。

$A_1 \to B_1$: NS 程序段是 G00 时,按快速移动速度;NS 程序段是 G01 时,按 G73 代码指定的车削进给速度。

$B_1 \to C_1$: 车削进给。

③ $C_1 \to A_2$: 快速移动。

④ 第二次粗车,$A_2 \to B_2 \to C_2$。

$A_2 \to B_2$: NS 程序段是 G00 时,按快速移动速度;NS 程序段是 G01 时,按 G73 代码指定的车削进给速度。

$B_2 \to C_2$: 车削进给。

⑤ $C_2 \to A_3$: 快速移动。

……

⑥ 第 n 次粗车,$A_n \to B_n \to C_n$。

$A_n \to B_n$: NS 程序段是 G00 时,按快速移动速度,NS 程序段是 G01 时,按 G73 代码指定的车削进给速度。

$B_n \to C_n$: 车削进给。

⑦ $C_n \to A_{n+1}$: 快速移动。

……

⑧ 最后一次粗车，$A_d \rightarrow B_d \rightarrow C_d$。

$A_d \rightarrow B_d$：NS 程序段是 G00 时，按快速移动速度；NS 程序段是 G01 时，按 G73 代码指定的车削进给速度；

$B_d \rightarrow C_d$：车削进给。

$C_d \rightarrow A$：快速移动到起点。

三、数控车削任务

数控车削任务的零件图，见第二篇：任务八中手柄的零件图。

这里只给出运用 G73 代码编写手柄部分的参考程序。

1. 编写精车手柄部分的参考程序段

手柄部分的基点坐标值，如图 2-63 所示。

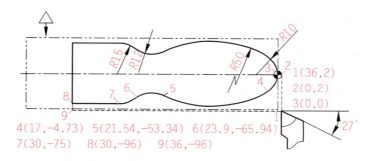

图 2-63　手柄部分的基点坐标值

程序段			
T0101；		G03 X17 Z-4.73 R10；	（车削至点 4）
G00 X36 Z2；	（定位至点 1）	G03 X21.54 Z-53.34 R50；	（车削至点 5）
G00 X0 Z2；	（定位到点 2）	G02 X23.9 Z-65.94 R12；	（车削至点 6）
G01 Z0 F0.08；		G03 X30 Z-75 R15；	（车削至点 7）
（车削至点 3，精车切削速度为：0.08 mm/r）		G01 Z-96；	（车削至点 8）
		X36；	（车削至点 9）

2. 运用 G73 代码编写手柄部分参考程序

O0022	
T0101；　　　（调用 1 号外圆车刀及 1 号刀补值） G00 X100 Z100；　　（将车刀定位到安全位置） M03 S800 G99；　　（主轴正转，转速 800 r/min，选用每转进给）	准备 阶段
G00 X36 Z2；　　（车刀定位到起点） G73 U17.5 W0 R18； （X 轴粗车退刀量（粗车总的背吃刀量）：(35-0)/2=17.5（mm）；Z 轴粗车退刀量，设定为 0 mm；车削循环次数设定为 18 次） G73 P10 Q20 U0.6 W0 F0.1； （粗车从 N10 程序段开始至 N20 程序段结束，X 轴方向精车余量：直径为 0.6 mm，粗车进给速度为 0.1 mm/r，Z 轴方向没有留精加工余量）	G71 代码 及 参数 设定

N10 G00 X0 Z2；　（精车开始程序段） G01 Z0 F0.08；　（精车进给速度为 0.08 mm/r） G03 X17 Z-4.73 R10； G03 X21.54 Z-53.34 R50； G02 X23.9 Z-65.94 R12； G03 X30 Z-75 R15； G01 Z-96； N20 X36；　（精车结束程序段）	精车程序段
G00 X100 Z100；　（车刀退至换刀位置）	
M05；　（主轴停止） M00；　（程序暂停、检测工件。完成后，按"循环启动"按钮或"运行"按钮）	检测工件
M03 S1200；　（主轴正转，精车转速 1 200 r/min） T0101；　（调用 1 号外圆车刀及 1 号刀补值） G00 X36 Z2；　（定位到循环点） G70 P10 Q20；　（精车工件）	精车外圆
G00 X100；　（先 X 轴方向退刀） Z100；	退刀
M30；	程序结束

对于这类 X 轴方向尺寸为非单调变化的工件，系统中如果支持 G71（Ⅱ型）代码，那么就运用 G71（Ⅱ型）代码编程车削；如果系统不支持 G71（Ⅱ型）代码，那么就运用 G73 代码编程车削。但是，运用 G73 编程容易产生空走刀（即没有车削到工件），效率较低；G71（Ⅱ型）代码编程车削，效率较高。

任务实施

在实训基地的数控车工室，按照安全操作规程，加工该工件：
（1）装夹毛坯。
（2）分别对刃磨好的车刀进行试切法对刀。
（3）输入并检查参考程序。
（4）单段运行参考程序，隔着防护窗观察刀具轨迹。
（5）完成实训任务书。

课后练习

编写如图 2-64 所示零件的车削程序。

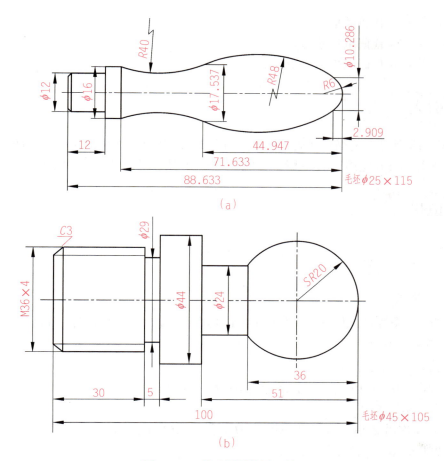

图 2-64 练习题零件图（续）

任务小结

本任务安排了运用 G73、G70 代码编程仿形车削轴类工件，展现了 G73 代码的车削轨迹。学习 G73 代码编程时，可与 G71（Ⅱ型）代码对比起来学习。在任务实施中，同学们要多独立动手操作加工，调整切削用量，积累加工经验。

任务十一　运用 G74 代码编程钻端面深孔、车削端面槽

任务目标

（1）认识 G74 代码的功能和循环轨迹。

(2) 记住 G74 代码的格式。
(3) 运用 G74 代码编程钻端面深孔。
(4) 运用 G74 代码编程车削端面槽。

任务引入

G74 代码是什么车削循环代码？G74 代码主要用于车削什么样的工件？本任务就安排了 G74 代码的学习和应用。G74 代码的功能、格式和轨迹是同学们学习的重点。

知识链接

一、G74 代码的功能和格式

1. 代码功能

轴向切槽多重循环代码（G74 代码），主要用于钻端面深孔及轴向切端面槽。

2. 代码常用格式

(1) 格式：G74 R(e)；
G74 X(u) Z(w) P(Δi) Q(Δk) R(Δd) F__ S__ T__；
(2) 各参数含义：
R(e)：每次沿 Z 轴方向切削一个 Q(Δk) 值后的轴向退刀量，无符号。
X：切削终点的 X 轴绝对坐标值。
u：切削终点与起点的 X 轴绝对坐标的差值。
Z：切削终点的 Z 轴的绝对坐标值。
w：切削终点与起点的 Z 轴绝对坐标的差值。
P(Δi)：X 轴方向单次切削循环的径向切削量（直径值），无符号；即 X 方向的每次吃刀深度，单位 μm，1 000 μm = 1 mm。
Q(Δk)：Z 轴方向切削时，Z 轴断续进刀的进刀量，无符号，单位 μm。
R(Δd)：切削至终点后，径向（X 轴）的退刀量，无符号。省略 R(Δd) 时，系统默认轴向切削终点后，径向（X 轴）的退刀量为 0。

二、G74 代码的钻孔与车端面槽的循环轨迹

1. 运用 G74 代码钻孔的轨迹

G74 代码钻孔的轨迹，如图 2 - 65 所示。

钻孔：X 轴方向坐标值为 0，Z 轴方向比要求的钻孔深度长一些。
(1) 麻花钻从切削循环起点 1，沿 Z 轴方向切削进给一个 Q(Δk) 值至点 2。
(2) 沿 Z 轴方向快速退一个 R(e) 值至点 3。
(3) 沿 Z 轴再次切削进给（Δk + e）值至点 4，然后快速退一个 R(e) 值至点 5。

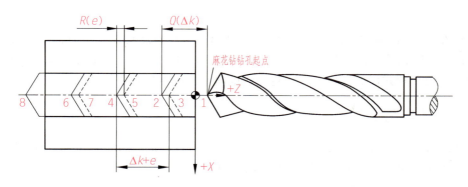

图 2-65　G74 代码钻孔的轨迹

如此循环，切削至 Z 轴终点坐标尺寸（点 8）后，快速移动返回到起点 1，G74 代码执行结束。

2. 运用 G74 代码车削端面槽的轨迹

G74 代码车削端面槽的轨迹，如图 2-66 所示。

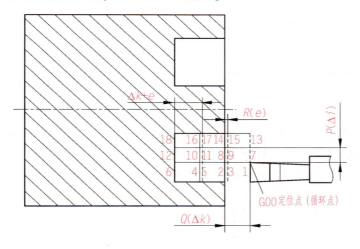

图 2-66　G74 代码车削端面槽的轨迹

（1）切槽刀从切削循环起点 1，沿 Z 轴方向切削进给一个 $Q(\Delta k)$ 值至点 2。

（2）沿 Z 轴方向快速退一个 $R(e)$ 值至点 3。

（3）沿 Z 轴再次切削进给（$\Delta k + e$）值至点 4，然后快速退刀 e 值至点 5。

（4）沿 Z 轴再次切削进给至 Z 向终点坐标（点 6），快速退刀一个 $R(e)$，Z 轴再次切削进给至 Z 向终点坐标（点 6），再快速退刀至点 1。

（5）沿 X 轴方向快速移动进刀一个 $P(\Delta i)$ 值至点 7；沿 Z 轴方向切削进给一个 $Q(\Delta k)$ 值至点 8；沿 Z 轴方向快速退一个 $R(e)$ 值至点 9；如此循环，最后退刀至点 7。

（6）沿 X 轴方向快速移动进刀一个 $P(\Delta i)$ 值至点 13；沿 Z 轴方向切削进给一个 $Q(\Delta k)$ 值至点 14；沿 Z 轴方向快速退一个 $R(e)$ 值至点 15；如此循环，最后切削到终点坐标 X、Z 尺寸（点 18），快速退刀至点 13，最后快速退刀至点 1，G74 代码执行结束。

3. 代码说明

(1) 在 G74 代码执行过程中，可以停止自动运行并手动移动，但要再次执行 G74 循环时，必须返回到手动移动前的位置。如果不返回就继续执行，后面的运行轨迹将错位。

(2) 执行单程式段的操作，在运行完当前轨迹的终点后程序暂停。

三、数控车削任务1

数控钻削如图 2-67 所示零件的孔，毛坯尺寸为 $\phi 30$ mm×40 mm 的 45 钢，外径不加工。麻花钻直径为 $\phi 20$ mm，钻头伸出长度为 50 mm。

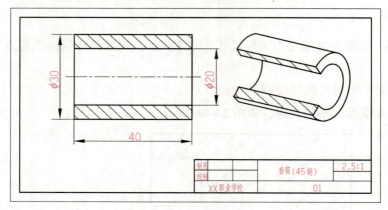

图 2-67 套筒

1. 麻花钻装夹在刀架上

运用 G74 代码编程钻孔，与将麻花钻安装在尾座锥孔中，再手动摇尾座的手轮钻孔是不一样的。麻花钻需要安装在刀架上。

(1) 方法一：运用 V 形槽铁将麻花钻装夹在刀架上，并找正中心，如图 2-68 所示。

(2) 方法二：运用专用工具装夹（图 2-69）。将专用工具装在刀架上，锥柄钻头插入专用工具的锥孔内（如装夹直柄钻头，专用工具是圆柱孔，侧面用螺钉紧固），并找正中心。

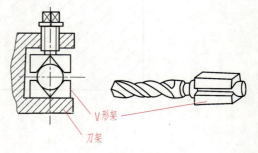

图 2-68 用 V 形槽铁装夹麻花钻

2. 麻花钻的对刀方法

在工件右端面的回转中心处，建立工件坐标系原点的方法：

(1) Z 轴对刀：手轮方式下，移动刀架，让麻花钻钻头轻接触工件端面，在刀补表的版面内，把光标移动到相应的刀补号，按"Z"键、"0"键，再按"输入"键，则完成 Z 轴的对刀。

(2) X 轴对刀：手轮方式下，移动刀架，让麻花钻的钻头外径轻轻接触一下工件外圆，在相同的刀补号中，按"X"键，输入"接触的外圆直径+麻花钻钻头的直径"的值，再按"输入"键，则完成 X 轴的对刀。例如，钻头触碰到的外圆直径为 $\phi 30$ mm，麻

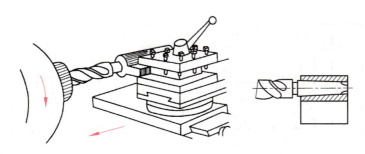

图 2-69 用专用工具装夹麻花钻

花钻钻头直径为 φ12 mm，输入 "X42" 即可，如图 5-70 所示。

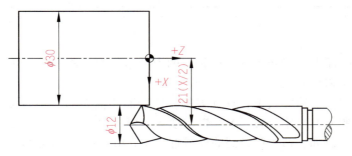

图 5-70 麻花钻的 X 轴对刀

3. 参考程序

O0023 T0101；　　　（麻花钻） G00 X150 Z150； M03 S300；　　（主轴转速 300 r/min） G98 F60；　　（每分钟进给量，60 mm/min） G00 X0 Z2；　　（钻孔起点） G74 R1； （每次 Z 轴方向切削一定深度后，退刀 1 mm）	G74 X0 Z-45 Q3000 R0 F60； （终点坐标 X0、Z-45，Z 轴方向每次切削深度 3 000 μm = 3 mm，切削至终点 Z 值后，X 轴方向的退刀量为 0 mm） G00 Z150； X150； M05； M30；

四、数控车削任务 2

数控车削如图 2-71 所示零件的端面槽，毛坯尺寸为 φ40 mm × 40 mm 的 45 钢，外径不加工。

1. 切槽刀的外形

为防止在车削端面槽时，一端的副后刀面与孔壁干涉，可将此副后刀面磨成圆弧面或将其磨出较大的副后角，如图 2-72 所示。

2. 端面切槽刀的对刀方法

在工件右端面的回转中心处，建立工件坐标系原点的方法。

（1）Z 轴对刀：手轮方式下，移动刀架，让端面切槽刀的主切削刃轻轻接触工件端

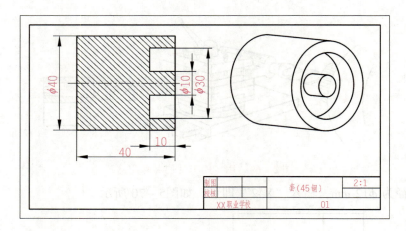

图 2-71 套

面,在刀补表的版面内,把光标移动到相应的刀补号,按"Z"键、"0"键,再按"输入"键,则完成 Z 轴的对刀。

(2) X 轴对刀:手轮方式下,移动刀架,让端面切槽刀的一个刀尖轻轻接触一下工件外圆,在相同的刀补号中,按"X"键、输入接触的外圆直径,再按"输入"键,则完成 X 轴的对刀。例如,钻头触碰到的外圆直径为 $\phi 40$ mm,端面切槽刀的刀宽为 4 mm,输入"X40"即可,如图 2-73 所示。

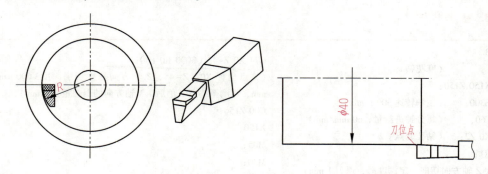

图 2-72 车削端面槽的切槽刀   图 2-73 端面切槽刀的 X 轴对刀

3. 参考程序

```
O0024
T0303;            (端面切槽刀,刀宽4 mm)
G00 X120 Z120;
M03 S500;         (主轴转速 500 r/min)
G98 F50;          (每分钟进给量,50 mm/min)
G00 X22 Z5;
[车削槽的起点,30-2×刀宽=22(mm)]
G74 R0.5;
(每次Z轴方向切削一定深度后,退刀 0.5 mm)
```

```
G74 X10 Z-10 P3000 Q5000 R0 F50;
(终点坐标X10、Z-10,X轴方向每次切削移动量为3 000 μm,
Z轴方向每次切削深度5 000 μm,切削至终点 Z 值后,X 轴方
向的退刀量为 0 mm)
G00 Z150;
X150;
M05;
M30;
```

任务实施

在实训基地的数控车工室，按照安全操作规程，加工该工件：
(1) 装夹毛坯。
(2) 分别对刃磨好的车刀进行试切法对刀。
(3) 输入并检查参考程序。
(4) 单段运行参考程序，隔着防护窗观察刀具轨迹。
(5) 完成实训任务书。

课后练习

编写如图 2-74 所示零件的车削程序。

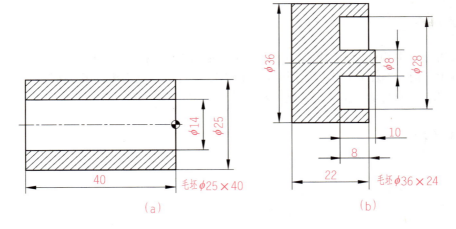

图 2-74 练习题零件图
(a) 钻孔；(b) 车削端面槽

任务小结

本任务安排了运用 G74 代码编程钻端面孔、车削端面槽，展现了 G74 代码在轴向切槽、钻孔方面的运用。同学们要记住 G74 代码的格式，及参数含义：
格式：G74 R(e)；
　　　G74 X(u) Z(w) P(Δi) Q(Δk) R(Δd) F__ S__ T__；
也要加强对麻花钻的刃磨练习。

任务十二　运用 G75 代码编程车削宽沟槽、多排等距沟槽

任务目标

(1) 认识 G75 代码的功能和循环轨迹。
(2) 记住 G75 代码的格式。
(3) 运用 G75 代码编程车削宽沟槽。
(4) 运用 G75 代码编程车削多排等距沟槽。

任务引入

前文讲过运用 G00、G01 代码，G94 代码车削宽沟槽；采用"调用子程序的方法"车削过多排等距沟槽。本任务安排了运用循环代码 G75 编程车削宽沟槽、多排等距沟槽。同学们要注意对 G75 代码功能、格式、轨迹的理解。

知识链接

一、G75 代码的功能、格式和说明

1. 代码功能

径向切槽多重循环代码（G75 代码），主要用于径向车削沟槽。

2. 代码常用格式

(1) 格式：G75 R(e)；
　　　　　G75 X(u) Z(w) P(Δi) Q(Δk) R(Δd) F__ S__ T__；
(2) 各参数含义：
R(e)：每次沿 X 轴方向切削一个 P(Δi) 值后的径向退刀量，半径值，无符号。
X：切削终点的 X 轴绝对坐标值。
u：切削终点与起点的 X 轴绝对坐标的差值。
Z：切削终点的 Z 轴的绝对坐标值。
w：切削终点与起点的 Z 轴绝对坐标的差值。
P(Δi)：径向（X 轴）进刀时，X 轴断续进刀的进刀量（半径值），无符号，单位 μm。
Q(Δk)：单次径向切削循环的轴向（Z 轴）进刀量，切槽时为两槽相隔的距离，无

符号，单位 μm。

R(Δd)：切削至径向切削终点后，轴向（Z轴）的退刀量，无符号。省略 R(Δd) 时，系统默认径向切削终点后，轴向（Z轴）的退刀量为0。

3. 代码说明

（1）在 G75 代码执行过程中，可以停止自动运行并手动移动，但要再次执行 G75 循环时，必须返回到手动移动前的位置。如果不返回就继续执行，后面的运行轨迹将错位。

（2）执行单程式段的操作，在运行完当前轨迹的终点后程序暂停。

二、运用 G75 代码车削宽槽与多排等距沟槽的循环轨迹

1. 运用 G75 代码车削宽槽的轨迹

车削宽槽的轨迹，如图 2-75 所示。

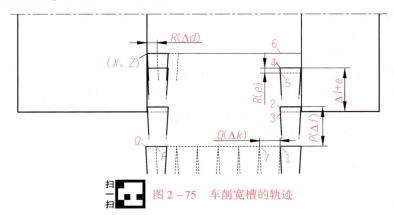

图 2-75　车削宽槽的轨迹

（1）第一次深沟槽的径向切削循环轨迹：

① 切槽刀从切削循环起点1，沿 X 轴方向切削进给一个 P(Δi) 值至点2。

② 沿 X 轴方向快速退一个 R(e) 值至点3。

③ 沿 X 轴再次切削进给（Δi+e）值至点4，然后快速退一个 R(e) 值至点5。

④ 切槽刀按照终点坐标的 X 值，切削至点6，再快速退刀至点1。

完成第一次径向（X 轴方向）切削循环。

（2）第二个深沟槽的循环轨迹：切槽刀沿 Z 轴快速移动一个 Q(Δk) 值至点7。再进行第二次径向（X 轴方向）切削循环，最后快速退刀至点7，完成第二个深沟槽的车削。

（3）切槽刀再沿 Z 轴快速移动 Q(Δk) 值，完成相应的径向循环轨迹。如此循环，最后退刀至点 P。

（4）切槽刀根据终点坐标的 Z 值，由点 P 快速移动至点 Q，完成最后一次径向切削循环。切槽刀快速退刀至点 Q、再快速退刀至点1，G75 代码执行结束。

2. 运用 G75 代码车削多排等距沟槽轨迹

车削多排等距沟槽轨迹，如图 2-76 所示。

（1）第一次深沟槽的径向切削循环轨迹：

① 切槽刀从切削循环起点1，沿 X 轴方向切削进给一个 P(Δi) 值至点2。

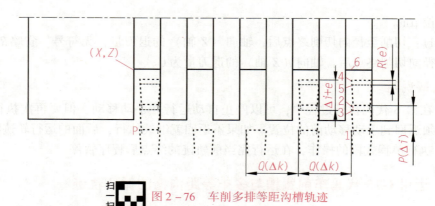

图 2-76 车削多排等距沟槽轨迹

② 沿 X 轴方向快速退一个 $R(e)$ 值至点 3。

③ 沿 X 轴再次切削进给（$\Delta i + e$）值至点 4，然后快速退一个 $R(e)$ 值至点 5。

④ 切槽刀按照终点坐标的 X 值，切削至点 6，再快速退刀至点 1。

完成第一次径向（X 轴方向）切削循环。

（2）第二次深沟槽的循环轨迹：切槽刀沿 Z 轴快速移动一个 $Q(\Delta k)$ 值至点 7。再进行第二次径向（X 轴方向）切削循环，最后快速退刀至点 7，完成第二个深沟槽的车削。

（3）切槽刀沿 Z 轴快速移动 $Q(\Delta k)$ 值，完成相应的径向循环轨迹。

（4）如此循环，最后快速移动至点 P，完成最后一次径向循环。切槽刀快速退刀至点 P、再快速退刀至点 1，G75 代码执行结束。

三、数控车削任务 1

数控车削如图 2-77 所示零件的宽沟槽，毛坯尺寸为 $\phi 40 \text{ mm} \times 70 \text{ mm}$，外径不加工。

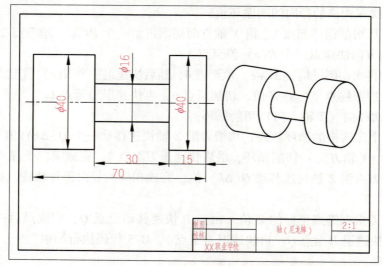

图 2-77 轴

1. 切槽刀

安排切槽刀，如图 2-78 所示。

2. 参考程序

```
O0025
T0101;              （切槽刀）
G00 X100 Z100;
M03 S400;           （主轴转速 400 r/min）
G98 F80;            （每分钟进给量，80 mm/min）
G00 X42 Z-19;       （循环起点）
G75 R0.5;
（每次 X 轴方向切削一定深度后，退刀 0.5 mm）
G75 X16 Z-45 P3000 Q4000 R0 F60;
（终点坐标 X16、Z-45；X 轴方向每次切削进给量 3 000 μm = 3 mm，直至 X16；Z 轴方向退刀 0 mm，切槽刀退至 X42；Z 轴方向再进刀 4 mm；如此方式循环车削）
G00 X100;
Z100;
M30;
```

四、数控车削任务 2

数控车削如图 2-79 所示零件的多排等距沟槽，毛坯尺寸为 φ40 mm×70 mm，外径不加工。

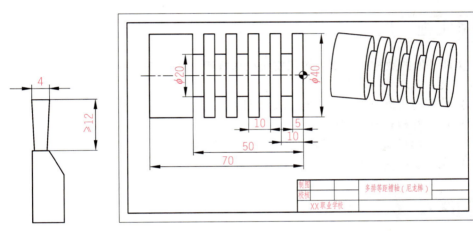

图 2-78　切槽刀　　　　图 2-79　多排等距槽轴

1. 切槽刀

安排切槽刀，如图 2-80 所示。

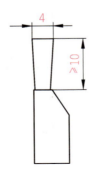

图 2-80　切槽刀

2. 参考程序

```
O0026
T0101；           （切槽刀）
G00 X100 Z100；
M03 S400；        （主轴转速 400 r/min）
G98 F80；         （每分钟进给量，80 mm/min）
G00 X42 Z-9；     （循环起点1）
G75 R0.5；
（每次X轴方向切削一定深度后，退刀 0.5 mm。）
G75 X20 Z-49 P3000 Q10000 R0 F60；
（终点坐标X20、Z-49；X轴方向每次切削进给量
3 000 μm＝3 mm，直至X20；Z轴方向退刀 0 mm，
切槽刀退至X42；Z轴方向再进刀 10 mm；如此方
式循环车削）
G00 X100；
```

```
Z100；
M05；
M00；
T0101；
G00 X42 Z-10；    （循环起点2）
G75 R0.5；
G75 X20 Z-50 P3000 Q10000 R0.5 F60；
（终点坐标X20、Z-50；X轴方向每次切削进给量3 mm，直至
X20；Z轴方向退刀 0.5 mm，切槽刀退至X42；Z轴方向再进
刀 10 mm；如此方式循环车削）
G00 X100；
Z100；
M30；
```

任务实施

在实训基地的数控车工室，按照安全操作规程，加工该工件：
（1）装夹毛坯。
（2）分别对刃磨好的车刀进行试切法对刀。
（3）输入并检查参考程序。
（4）单段运行参考程序，隔着防护窗观察刀具轨迹。
（5）完成实训任务书。

课后练习

编写如图 2-81 所示零件的车削程序。

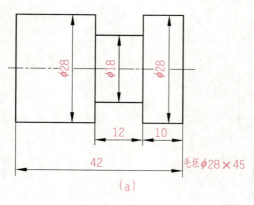
(a)

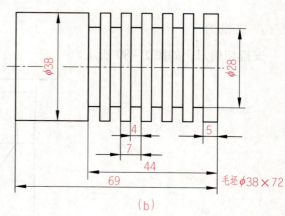
(b)

图 2-81 练习题零件图

任务小结

本任务安排了运用 G75 代码编程车削宽沟槽、多排等距槽，展现了 G75 代码在径向切槽方面的运用。同学们要记住 G75 代码的格式和含义：

格式：G75 R(e)；

G75 X(u) Z(w) P(Δi) Q(Δk) R(Δd) F __ S __ T __；

再与之前学习的采用子程序编写的车削多排等距槽进行对比，强化这两类加工方法的理解。

任务十三　运用 G76 代码编程车削螺纹

任务目标

（1）认识 G76 代码的功能和循环轨迹。
（2）记住 G76 代码的格式。
（3）运用 G76 代码编程车削普通三角螺纹。
（4）运用 G76 代码编程车削小螺距梯形螺纹。

任务引入

学习过运用 G32 代码、G92 代码车削螺纹之后，本任务安排了运用复合型循环代码 G76 编程车削螺纹。同学们要注意对比 G76 代码与 G32 代码、G92 代码的不同。

知识链接

一、G76 代码的功能、格式和说明

1. 代码功能

多重螺纹切削循环代码（G76），主要用于车削螺纹。

2. 代码常用格式

（1）格式：G76 P(m)(r)(a) Q(Δd_{min}) R(d)；

G76 X(u) Z(w) R(i) P(k) Q(Δd) F(l)；

（2）各参数含义：

P(m)：螺纹精车次数 00～99（单位：次）。在螺纹精车时，每次进给的切削量等于

螺纹精车的切削量。

P(r)：螺纹退尾长度 00～99（单位：$0.1×L$，L 为螺纹螺距）。螺纹退尾功能可实现无退刀槽的螺纹加工。

P(a)：相邻两牙螺纹的夹角，取值范围为 00～99，单位：度（°）。实际螺纹的角度由刀具角度决定，因此 a 应与刀具角度相同，可选 80°、60°、55°、30°、29°、00° 共 6 种。

Q(Δd_{min})：螺纹粗车时的最小切削量（粗车最后一刀的深度），单位：μm，半径值。当最后一次切削深度比 Δd_{min} 值还小时，则以 Δd_{min} 作为本次粗车的切削量。设置 Δd_{min} 是为了避免由于螺纹粗车切削量递减造成粗车切削量过小、粗车次数过多。

R(d)：螺纹精车的切削量，单位：mm，无符号，半径值。半径值等于螺纹精车切入点与最后一次螺纹粗车切入点的 X 轴绝对坐标的差值。

X：螺纹终点 X 轴绝对坐标。

U：螺纹终点与起点 X 轴绝对坐标的差值。

Z：螺纹终点 Z 轴的绝对坐标值。

W：螺纹终点与起点 Z 轴绝对坐标的差值。

R(i)：螺纹锥度。螺纹起点与螺纹终点 X 轴绝对坐标的差值。未输入 $R(i)$ 时，系统按 $R(i)=0$（直螺纹）处理；

P(k)：螺纹牙高，半径值（0.65P），单位：μm。

Q(Δd)：第一次螺纹切削深度，单位：μm，半径值、无符号。切削深度有规律地递减，第二次为 $(\sqrt{2}-1)\Delta d$，第三次为 $(\sqrt{3}-\sqrt{2})\Delta d$……第 n 次为 $(\sqrt{n}-\sqrt{n-1})\Delta d$。

F：螺纹导程。$F=$ 螺距 $\times$ 螺纹线数。

I：螺纹每英寸的螺纹牙数。加工英制螺纹使用。

(3) 含义举例。

G76 P040060 Q30 R0.05；

G76 X13.4 Z-30 R0 P1300 Q200 F2；

螺纹精车次数：4 次。

螺纹退尾长度：0。

相邻两牙螺纹的夹角：60°。

螺纹粗车时的最小切削量：30 μm = 0.03 mm。

螺纹精车的切削量：0.05 mm。

螺纹终点 X 轴绝对坐标：（螺纹小径）13.4 mm。

螺纹终点 Z 轴的绝对坐标值：-30 mm。

螺纹锥度为：0，圆柱螺纹。

螺纹牙高：1 300 μm = 1.3 mm。

切削第一刀深度 200 μm，后面的切削深度按规律递减。

螺纹导程为 2 mm。

3. 代码说明

(1) 螺纹切削过程中执行进给保持操作后，系统仍进行螺纹切削，螺纹切削完毕，显示"暂停",程序运行暂停。

(2) 螺纹切削过程中执行单程式段操作,在返回起点后(一次螺纹切削循环动作完成)运行停止。

(3) 系统复位、急停或驱动报警时,螺纹切削减速停止。

(4) U、W 的符号决定了 $A→C→D→E$ 的方向,$R(i)$ 的符号决定了 $C→D$ 的方向。

二、G76 代码的车削螺纹的循环轨迹

G76 代码车削螺纹的循环轨迹,如图 2-82 所示。

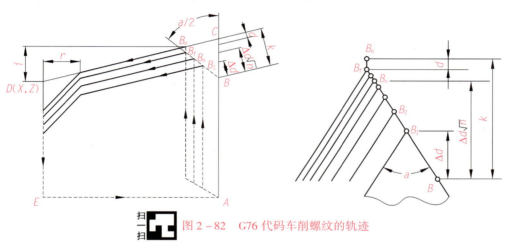

图 2-82 G76 代码车削螺纹的轨迹

代码执行过程:

(1) 从起点快速移动到 B_1,螺纹切深为 Δd。

(2) 沿平行于 $C→D$ 的方向,螺纹切削到与 $D→E$ 相交处($r≠0$ 时有退尾过程)。

(3) X 轴快速移动到 E 点。

(4) Z 轴快速移动到 A 点,单次粗车循环完成。

(5) 如此循环,最后快速移动进刀到 B_n(n 为粗车次数),切深取($\sqrt{n} × \Delta d$)、($\sqrt{n-1} × \Delta d + \Delta d_{min}$)中的较大值,如果切深小于($k-d$),转步骤(2)执行;如果切深大于或等于($k-d$),按切深($k-d$)进刀到 B_f 点,转(6)执行最后一次螺纹粗车。

(6) 沿平行于 $C→D$ 的方向螺纹切削到与 $D→E$ 相交处($r≠0$ 时有退尾过程)。

(7) X 轴快速移动到 E 点。

(8) Z 轴快速移动到 A 点,螺纹粗车循环完成,开始螺纹精车。

(9) 快速移动到 B_e 点(螺纹切深为 k、切削量为 d)后,进行螺纹精车,最后返回 A 点,完成一次螺纹精车循环。

(10) 如果精车循环次数小于 m,转步骤(9)进行下一次精车循环,螺纹切深仍为 k,切削量为 0;如果精车循环次数等于 m,G76 代码复合螺纹加工循环结束。

三、数控车削任务 1

运用 G76 代码编程车削如图 2-83 所示 M24×2 的螺纹,工件材料 45 钢。

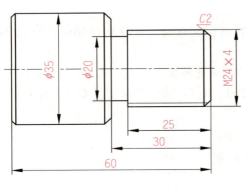

图 2-83 螺纹轴

此螺纹为普通三角螺纹：螺纹公称直径 24 mm，单线螺纹，螺距 2 mm。一般车削螺纹前，螺纹轴段的外圆比公称直径小 0.1～0.2 mm。

螺纹小径的初步计算公式为：螺纹小径 = 螺纹公称直径 - 1.3×螺距，则螺纹小径：$24 - 1.3 \times 2 = 21.4$ mm。牙高 = 0.65 × 螺距，则 $h = 0.65P = 1.3$。车削螺纹还要根据与螺纹量规的配合来进行修整，或根据螺纹三针测量法测得的数值来修整。

参考程序如下：

```
O0027
T0303;            （螺纹车刀）
G00 X100 Z100;
M03 S500;
G00 X25 Z2;
G76 P040060 Q30 R0.05;
（精车4次，无退尾量，相邻两牙螺纹的夹角60°，粗
车时的最小切削量30 μm，精车的切削量0.05 mm）
G76 X21.4 Z-26 R0 P1300 Q200 F2;
（螺纹小径21.4 mm；螺纹车削至Z-26 mm；R0 圆柱螺纹；牙
高1 300 μm；切削第一刀深度200 μm，后面的切削深度按规律
递减；螺纹螺距为2 mm）
G00 X100 Z100;
M30;
```

四、数控车削任务 2

运用 G76 代码编程车削如图 2-84 所示 Tr32×3 的螺纹，工件材料 45 钢。

公制梯形螺纹 Tr32×3 的基本要素尺寸：

(1) 公称直径 $d = 32$ mm，螺距 $P = 3$ mm，$a_c = 0.25$ mm。

(2) 根据已知条件与表 2-1 可知：

牙高：$h_3 = 0.5P + a_c = 0.5 \times 3 + 0.25 = 1.75 \text{(mm)}$

中径：$d_2 = d - 0.5P = 32 - 0.5 \times 3 = 30.5 \text{(mm)}$

小径：$d_3 = d - 2h_3 = 32 - 2 \times 1.75 = 28.5 \text{(mm)}$

牙顶宽：$f = 0.366P = 0.366 \times 3 = 1.098 \text{(mm)}$

牙槽底宽：$W = 0.366P - 0.536a_c = 0.366 \times 3 - 0.536 \times 0.25 = 0.964 \text{(mm)}$

(3) 刀具的安排，如图 2-85 所示。

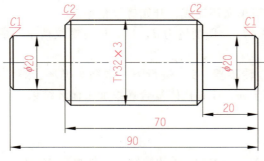

图 2-84 梯形螺纹轴

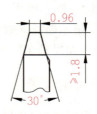

图 2-85 梯形螺纹车刀

刀具采用"一夹一顶"的方式装夹。

（4）参考程序。

O0028 T0404;　　　　　（螺纹车刀） G00 X100 Z100; M03 S200; G00 X35 Z-17; G76 P050030 Q30 R0.05; （精车5次，无退尾量，相邻两牙螺纹的夹角30°，粗车时的最小切削量30 μm，精车的切削量0.05 mm）	G76 X28.5 Z-72 R0 P1750 Q300 F3; （螺纹小径28.5 mm；螺纹车削至Z-72 mm；圆柱螺纹；牙高1 750 μm；切削第一刀深度300 μm，后面的切削深度按规律递减；螺纹螺距为3 mm） G00 X100 Z100; M30;

任务实施

在实训基地的数控车工室，按照安全操作规程，加工该工件：
（1）装夹毛坯。
（2）分别对刃磨好的车刀进行试切法对刀。
（3）输入并检查参考程序。
（4）单段运行参考程序，隔着防护窗观察刀具轨迹。
（5）完成实训任务书。

课后练习

编写如图2-86所示零件的螺纹车削程序。

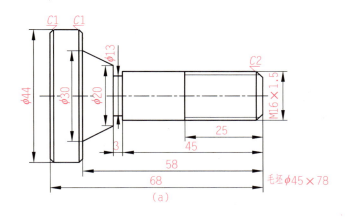

图2-86　练习题零件图

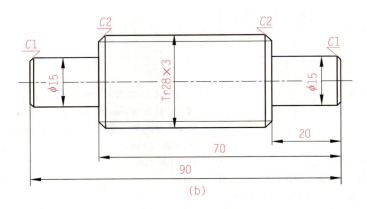

(b)

图 2-86 练习题零件图（续）

任务小结

本任务安排了运用 G76 代码编程车削螺纹，展现了 G76 代码在缩短程序段方面的优势。但是，G76 代码格式复杂；若运行完 G76 代码后，螺纹未符合要求，修改后再运行 G76 代码，则空刀较多。学习 G76 代码编程时，注重理解、记忆其格式及参数含义。在任务实施中，同学们要多独立动手操作加工，调整切削用量，积累加工经验。

任务十四　掌握刀尖圆弧半径补偿代码的应用

任务目标

（1）了解刀尖圆弧半径，认识其对零件精度的影响。
（2）认识刀尖圆弧半径补偿功能。
（3）认识刀尖圆弧半径的偏置值的设置。
（4）记住刀尖圆弧半径补偿代码，理解判断刀尖圆弧的半径补偿方向的方法。
（5）掌握刀尖圆弧半径补偿的应用。

任务引入

在数控车工室，同学们用过手磨车刀，也用过可转位车刀，一定都发现可转位车刀的刀尖部分是一定的小圆弧。这个小圆弧会影响车削的圆弧和圆锥等的尺寸精度和形状精度，那么怎样来解决这样的问题呢？本任务就为同学们安排了刀尖圆弧半径补偿代码的学习。

知识链接

一、刀尖圆弧半径及其对零件精度的影响

1. 刀尖圆弧半径的定义

车削加工中,为了提高刀尖强度,降低加工表面粗糙度,通常在车刀刀尖处刃磨出一个小圆弧的过渡刃。一般可转位刀片或不重磨刀片刀尖处均为圆弧过渡,且有一定的半径值,此半径即为刀尖圆弧半径,如图 2-87 所示。

实际上,真正的刀尖是不存在的,这里所说的刀尖只是一个假想的刀尖而已。

2. 刀尖圆弧半径对零件精度的影响

零件加工程序一般是以刀具的某一点(通常情况下以假想刀尖,如图 2-87 中的 A 点所示)按零件图纸进行编制的。但实际加工中的车刀,刀尖往往不是一假想点,而是一段圆弧。切削加工时,实际切削点与理想状态下的切削点之间的位置有偏差,会造成过切或少切,影响零件的精度。

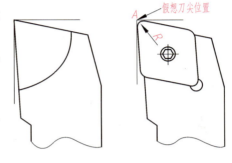

图 2-87 刀尖圆弧半径

加工与坐标轴平行的圆柱面和端面时,刀尖圆弧并不影响零件的尺寸和形状,只是可能在起点、终点处造成欠切;这可分别采用增加导入、导出切削段的方法解决。但是,当加工锥面、圆弧面等非坐标方向轮廓时,刀尖圆弧将引起尺寸和形状误差。

如图 2-88 所示,锥面和圆弧面尺寸均较编程轮廓大,而且圆弧形状也发生了变化。这种误差的大小不仅与轮廓形状、走势有关,而且还与刀具刀尖圆弧半径有关。如果零件精度较高,就有可能出现超差。因此精度要求较高的零件,需在加工中进行刀尖半径补偿,以提高零件精度。

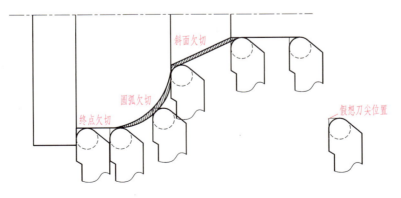

图 2-88 刀尖圆弧半径对车削的影响

二、刀尖圆弧半径补偿功能的实现

数控车床控制系统一般都具有刀尖圆弧半径补偿功能。这类系统在编程时,只需要直接按零件轮廓编程,并在加工前输入刀尖圆弧半径数据,通过在程序中使用刀尖半径补偿代码,数控装置可自动计算出刀尖圆弧中心轨迹,并使刀尖圆弧中心按此轨迹运动,如图2-89所示。

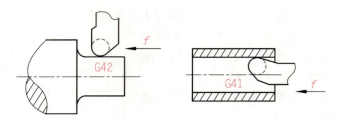

图2-89 采用刀尖圆弧半径补偿

也就是说,执行刀尖圆弧半径补偿后,刀尖圆弧中心将自动在偏离工件轮廓一个半径值的轨迹上运动,从而加工出所要求的工件轮廓。

三、刀尖圆弧半径偏置值的设置

1. 刀尖半径补偿的偏置页面

每把刀的假想刀尖号与刀尖半径值必须在应用刀补前预先设置。刀尖半径补偿值在偏置页面下设置,R为刀尖半径补偿值(刀具的刀尖圆弧半径),T为假想刀尖号,如表2-2所示。

表2-2 刀尖半径补偿的偏置页面

序号	X	Z	R	T
000	0.000	0.000	0.000	0
001	0.020	0.030	0.020	2
002	1.020	20.123	0.200	3
…	…	…	…	…
032	0.050	0.038	0.300	6

2. 假想刀尖号

(1) 前刀座坐标系中的假想刀尖号。

前刀座坐标系中的假想刀尖号,如表2-3所示。

表 2-3 前刀座坐标系中的假想刀尖号

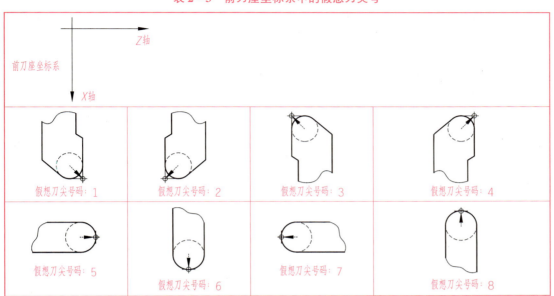

（2）后刀座坐标系中的假想刀尖号。

后刀座坐标系中的假想刀尖号，如表2-4所示。

表 2-4 后刀座坐标系中的假想刀尖号

四、刀尖圆弧半径补偿代码和刀尖圆弧半径补偿方向的判断

1. 刀尖圆弧半径补偿代码

刀尖圆弧半径补偿一般必须通过准备功能代码（G41/G42 代码）建立。刀尖圆弧半

径补偿建立后，刀尖圆弧中心在偏离编程工件轮廓一个半径的等距线上运动。

（1）刀尖半径右补偿代码：G42。顺着刀具运动方向看，刀具在工件右侧，称为刀尖半径右补偿，用 G42 代码编程。

（2）刀尖半径左补偿代码：G41。顺着刀具运动方向看，刀具在工件左侧，称为刀尖半径左补偿，用 G41 代码编程。

（3）取消刀尖半径补偿：G40 代码。

2. 刀尖圆弧半径补偿方向的判断

刀尖圆弧半径补偿，必须根据刀尖与工件的相对位置来确定补偿的方向。不论数控车床是前刀座，还是后刀座；在判断方向时，统一把刀具想象在上方，采用如下方法，如图 2-90 所示。

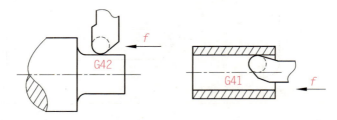

图 2-90 刀尖半径补偿方向的判断

将刀具想象在工件上方，顺着刀具运动方向看，刀具在工件右侧，用 G42 代码编程。
将刀具想象在工件上方，顺着刀具运动方向看，刀具在工件左侧，用 G41 代码编程。

五、GSK980TDb 系统使用刀尖圆弧半径补偿的注意事项

（1）初始状态数控系统处于刀尖圆弧半径补偿取消方式，在执行 G41 或 G42 代码，数控系统开始建立刀尖圆弧半径补偿偏置方式。

（2）在刀尖圆弧半径补偿中，处理两个或两个以上无移动代码的程序段时（如辅助功能、暂停等），刀尖中心会移到前一程序段的终点并垂直于前一程序段程序路径的位置。

（3）在录入方式（MDI）下不能执行刀补建立，也不能执行刀补撤销。

（4）刀尖圆弧半径 R 值不能输入负值，否则运行轨迹出错。

（5）刀尖圆弧补偿的建立与撤销只能用 G00 或 G01 代码，不能是圆弧代码（G02 或 G03 代码）。如果指定，会报警。即它是通过直线运动来建立或取消刀尖圆弧半径补偿的。

（6）按 RESET（复位）键或执行 M30 代码后，数控系统将退出刀补的补偿模式。

（7）在程序结束前必须指定 G40 代码，取消偏置模式。否则再次执行时，刀具轨迹偏离一个刀尖半径值。

（8）在主程序和子程序中使用刀尖圆弧半径补偿，在调用子程序前（即执行 M98 代码前），数控系统必须处于补偿取消模式，在子程序中再次建立刀补。

（9）G71、G72、G73、G74、G75、G76 代码不执行刀尖圆弧半径补偿，暂时撤销补偿模式。FANUC 系统，却能执行刀尖圆弧半径补偿。

（10）G90、G94 代码在执行刀尖圆弧半径补偿，无论是 G41 还是 G42 代码都一样偏移一个刀尖半径（按假想刀尖 0 号）进行切削。

（11）在调用新刀具前或要更改刀具补偿方向时，中间必须取消刀具补偿，避免产生加工干涉或误差。

六、数控车削任务

在前刀座坐标系中，数控车削图2-91中零件，毛坯为 $\phi 35\ mm \times 55\ mm$。使用刀具号为 T0101，刀尖半径 $R=0.4$，假想刀尖号 T 为 3。

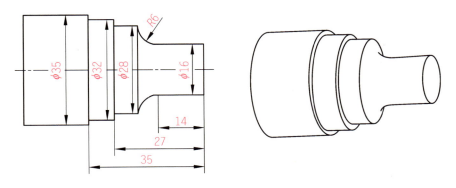

图2-91 轴

1. 刀尖半径补偿的偏置的设置

在刀偏设置页面下，刀尖半径 R 与假想刀尖方向的设置：

序号	X	Z	R	T
001	…	…	0.400	3
002	…	…	…	…
…				
007	…	…	…	…
008	…	…	…	…

```
精加工程序：                  G01 Z-27；
O0029                        X32；
T0101；（外圆车刀）           Z-35；
M03 S1200 G99；              X36；
G00 X36 Z5；                 G00 X36 Z5；
G42 G00 X16 Z2；             G40 G00 X100 Z100；
（建立刀尖圆弧半径补偿）      （取消刀尖圆弧半径补偿）
G01 Z-14 F0.08；             M30；
G02 X28 Z-20 R6；
```

2. 加工的参考程序

若是发那科（FANUC）系统，可将上述精加工程序段嵌入 G71 代码中，运用 G71 代码粗车、G70 代码精车，进行刀尖圆弧半径补偿的车削。

若是 GSK980TD、GSK980TDa、GSK980TDb 等系统，G71、G72、G73、G74、G75、G76

代码不执行刀尖圆弧半径补偿，暂时退出补偿模式，即上述精加工程序段中的G42、G41代码，嵌入G71代码中进行粗车，不能进行刀尖圆弧半径补偿。可采用在G70代码之前用G00定位时，使用G41或G42代码；在加工完成后用G00退刀时，采用G40代码取消刀尖圆弧半径补偿。或者不采用G70代码精加工，而是采用G71代码粗车，再将上述精加工程序写在程序最后，用于精车。

```
O0129                              Z-35;
T0101;                             N20 X36;
M03 S800 G99;                      G00 X100 Z100;
G00 X36 Z2;                        M05;
G71 U1 R0.3;                       M00;
G71 P10 Q20 U0.6 W0.1 F0.1;        M03 S1200;
N10 G00 X16;                       T0101;
G01 Z-14 F0.08;                    G42 G00 X36 Z5;
G02 X28 Z-20 R6;                   G70 P10 Q20;
G01 Z-27;                          G40 G00 X100 Z100;
X32;                               M30;
```

任务实施

在实训基地的数控车工室，按照安全操作规程，加工该工件：
（1）装夹毛坯。
（2）分别对刃磨好的车刀进行试切法对刀。
（3）输入并检查参考程序。
（4）单段运行参考程序，隔着防护窗观察刀具轨迹。
（5）完成实训任务书。

课后练习

1. 什么是刀尖圆弧半径？刀尖圆弧半径对零件精度有什么影响？
2. 刀尖圆弧半径补偿功能是怎样进行补偿的呢？
3. 刀尖圆弧半径补偿代码有哪些？怎样判断刀尖圆弧的半径补偿方向？
4. GSK980TDb系统使用刀尖圆弧半径补偿的注意事项有哪些？

任务小结

本任务安排了刀尖圆弧半径补偿的学习，让同学们了解刀尖圆弧影响工件的圆弧和圆锥等的尺寸精度和形状精度的原因，以及认识如何使用G41或G42代码来解决上述问题。同学们要注重理解刀尖半径补偿的偏置的设置；在任务实施中，多独立动手操作加工，积累加工经验。

第三篇 宏程序基础篇

概述：本篇为宏程序基础篇。宏程序是数控生产厂家留给用户在数控系统平台上进行开发的工具。本篇主要内容涉及运用宏程序编程车削单个外圆、车削单个外沟槽、车削端面、钻孔、车削凸圆弧、车削外圆锥、车削外矩形螺纹、车削公式曲线等。本篇也安排了GSK980TDb系统自带的椭圆插补代码（G6.2、G6.3代码），抛物线插补代码（G7.2、G7.3代码）的学习。

这里安排的很多运用宏程序编程车削的内容，运用常用的G代码就可以编程车削，而且还简单得多，但是这样安排的目的：一是让同学们深刻理解宏程序编程的思想；二是对工作中遇到一些需要宏程序编程车削的工件提供一些基础知识。

任务一 认识数控车B类宏程序的入门语法

任务目标

（1）理解宏程序的定义及作用，了解其分类。
（2）认识宏变量的表示方法、宏变量的赋值以及宏变量的类型。
（3）理解、记忆语句式宏代码（B类宏）常用的算术和逻辑运算。
（4）记住语句式宏代码（B类宏）常用的条件运算符。
（5）理解、记忆语句式宏代码（B类宏）常用的语法和应用。

任务引入

什么是宏程序编程？这个问题对同学们来说，一定是个谜。本任务，就是让同学们认识宏程序，学习B类宏程序的入门语法。这里涉及简单的算术、逻辑运算、语法等。如果在学习过程中对知识点理解困难，多看一看、多想一想、多问一问。

知识链接

一、对宏程序的理解和宏程序的类型

1. 对宏程序的理解

宏程序是数控生产厂家留给用户在数控系统平台上进行开发的工具。GSK980TDb系统也提供了类似高级语言的宏代码，用户使用宏代码可以实现变量赋值、算术运算、逻辑

判断以及条件转移，利于编制特殊零件的加工程序，减少手工编程时进行烦琐的数值计算，精简了用户程序。

通俗地说，宏程序就是利用数学公式、函数等计算方式，配合数控系统中的 G 代码编制出的一种程序。其主要用于加工一些轮廓含有椭圆、双曲线、抛物线、正弦曲线等公式曲线的零件，以及各类大螺距螺纹等。随着科技发达，像椭圆、抛物线等线性零件，用软件或者系统自带 G 代码可以完成加工；而大螺距异形螺纹这类零件，软件现在还没成熟。所以，我们学会宏程序，在加工中可以起到非常大的作用。

2. 宏程序的类型

宏程序的分为 A 类和 B 类。在早期的数控车系统中，只有 A 类宏。A 类宏格式为 G65 格式，现在运用不多。随着科技发达，系统的升级优化，数控系统大多支持 B 类宏程序，总体而言，B 类宏是一个主流发展趋势，所以接下来的讲解都以 B 类宏程序为例。

二、宏变量的表示、赋值和类型

1. 表示

变量用符号"#"加上变量号来指定。
格式：#i（i = 100，102，103，…）。
示例：#101，#109，#125。

2. 赋值

宏程序通常用法最多的就是变量。比如：#1 = 2 就是变量的赋值，把等号后面的数值 2 赋值给#1，#1 的值就等于 2，也可以理解为#1 就是一个代号，用来代替数值 2。

【例 3 – 1】#1 = 1（把数值 1 赋值给#1）
#2 = 2（把数值 2 赋值给#2）
#2 = #1

程序从上往下执行，思考一下现在#2 的值等于多少。

解：当程序执行第一步的时，#1 的值等于 1。当执行第二步的时，#2 的值等于 2。当执行第三步的时，注意刚才讲过赋值过程，是等号后面的值赋值给等号前面。所以当#1 在第一步赋值以后，#1 已经等于 1 了，所以在执行第三步的时候#2 的值应该等于#1 的值，即数值 1；不再是第二步的数值 2 了。从这里我们可以看出，当程序中有相同的变量#的时候，后面的#号代替前面的#号。

如：#1 = 2
#1 = 3

最后结果#1 的值应该是 3。所以说后面的代替前面的。

3. 类型

变量根据变量号可以分成四种类型，如表 3 – 1 所示。

（1）局部变量（#1 ~ #33）。局部变量就是在局部有效，或者可以理解为在单个程序中有效。断电以后系统自动清零。

表 3－1　变量的类型

变量号	变量类型	功　　能
#0	空变量	该变量总是空，没有值能赋给该变量
#1～#33	局部变量	局部变量只能用在宏程序中存储数据。例如：运算结果。当断电时，局部变量被初始化为空。调用宏程序时，自变量对局部变量赋值
#100～#199 #500～#999	公共变量	公共变量在不同的宏程序中的意义相同。当断电时，变量#100～#199 被初始化为空；变量#500～#999 的数值被保存，即使断电也不丢失
#1000～	系统变量	机床参数，系统二次开发

（2）公共变量（#100～#199，#500～#999）。公共变量和局部变量的区别在于：局部变量是在局部有效，或者单个程序中有效；而公共变量是指在一个程序同时拥有主程序和子程序的情况下，在主程序中如果已经赋值，在子程序中可以不用重新赋值，可以共用。而#100～#199 和#500～#999 的区别在于：前者断电清零；而后者不会清零，会一直保存在系统内部。

例如：#500 = TAN［15］；#500 一旦赋值就将保存在系统内部，下次可以直接调用#500 使用。

（3）系统变量（#1000～）。系统变量是用于机床系统储存刀补数据等参数。

总结：一般情况下我们写程序用#1～#33，当有子程序的时候我们用#100～#199。

三、语句式宏代码（B 类宏）常用的算术和逻辑运算

语句式宏代码（B 类宏）常用的算术和逻辑运算，如表 3－2 所示。

表 3－2　语句式宏代码（B 类宏）常用的算术和逻辑运算

功　能	表达式格式	备　注
定义或赋值	#i = #j	
加法 减法 乘法 除法	#i = #j + #k #i = #j － #k #i = #j * #k #i = #j/#k	
或 与 异或	#i = #j OR #k #i = #j AND #k #i = #j XOR #k	逻辑运算一位一位地按二进制数执行
平方根 绝对值 舍入 上取整 下取整 自然对数 指数函数	#i = SQRT［#j］ #i = ABS［#j］ #i = ROUND［#j］ #i = FUP［#j］ #i = FIX［#j］ #i = LN［#j］ #i = EXP［#j］	

续表

功　能	表达式格式	备　注
正弦	#i = SIN [#j]	
反正弦	#i = ASIN [#j]	
余弦	#i = COS [#j]	角度的单位以度指定，如：90°
反余弦	#i = ACOS [#j]	30′用 90.5°表示
正切	#i = TAN [#j]	
反正切	#i = ATAN [#i] / [#j]	

函数 SIN、COS、ASIN、ACOS、TAN 和 ATAN 的角度单位是度（°）。如 90°30′应表示为 90.5°。

1. 加法运算

【例 3 - 2】#1 = 3；

#1 = #1 + 3；

那么，#1 的值最终为：3 + 3 = 6。

2. 减法运算

【例 3 - 3】#1 = 6；

#1 = #1 - 1；

那么，#1 的值最终为：6 - 1 = 5。

3. 乘法运算

程序中用"＊"号来代替乘法运算。

【例 3 - 4】#1 = 5；

#2 = #1 ＊ 2；

那么，#2 的值为：5 ＊ 2 = 10。

4. 除法运算

程序中用"/"号来代替除法运算。

【例 3 - 5】#1 = 10；

#2 = #1/2；

那么，#2 的值为：10/2 = 5。

5. 常用三角函数运算

（1）TAN（正切）。如：#1 = 2 ＊ TAN [20]，中括号里面是角度 20°。

（2）SIN（正弦）。如：#1 = 3 ＊ SIN [30]，中括号里面是角度 30°。

（3）COS（余弦）。如：#1 = COS [15]，中括号里面是角度 15°。

（4）ASIN、ACOS、ATAN（反三角）。

（5）SQRT（数学中的开平方的意思，和数学中的根号一样）。如：#1 = SQRT [25]那么，#1 的值等于 5。

四、语句式宏代码（B 类宏）常用的条件运算符

语句式宏代码（B 类宏）常用的条件运算符，如表 3 - 3 所示。

表3-3 语句式宏代码（B类宏）常用的条件运算符

条件运算符	含义	条件运算符	含义
EQ 或 ==	等于（=）	GE 或 >=	大于等于（≥）
NE 或 <>	不等于（≠）	LT 或 <	小于（<）
GT 或 >	大于（>）	LE 或 <=	小于等于（≤）

五、语句式宏代码（B 类宏）常用的语法和应用

在程序中，使用 GOTO 语句和 IF 语句可以改变控制的流向，有三种转移和循环操作可供使用：GOTO 语句（无条件转移）；条件控制 IF 语句；WHILE 循环语句。

1. 无条件转移（GOTO 语句）

转移到顺序号为数值 n 的程序段。

格式：GOTOn；n：顺序号（1~99 999）

【例 3-6】 GOTO1；

GOTO1，意思是：当执行到这一程序段时，无条件跳转到程序段中 N1 的地方，执行 N1 后面的程序段。

【例 3-7】 M03 S800 G99；

T0101 M08；

GOTO10；（当程序执行到这里的时候，直接跳转到 N10 那个程序段执行 M30，跳过了 G00 的程序段；所以叫作无条件跳转）

G00 X100 Z100；

N10 M30；

2. 条件控制（IF 语句）

条件表达式必须包括条件运算符，条件运算符两边可以是变量、常数或表达式，条件表达式要用中括号"[ ]"封闭。

（1）有条件跳转。格式：IF［条件表达式］GOTOn；

如果指定的条件表达式成立，转移到顺序号为 n 的程序段；如果指定的条件表达式不成立，则顺序执行下一个程序段。

【例 3-8】 如果变量#1 的值大于 10，转移到顺序号 N2 的程序段。

【例 3-9】 M03 S800 G99；

T0101 M08；

N10 #1=20；（把数值 20 赋值给#1）

IF［#1LT30］GOTO10；（首先判断中括号是不是满足条件，如果满足执行跳转，不

满足执行下一步）

M30；

从这个程序中我们可以发现当#1＝20的时候，执行条件判断。#1现在等于20，那么中括号里面就可以理解为20＜30，现在条件满足。所以它会执行后面GOTO跳转语句，跳转到N10地方继续执行。

（2）强制赋值。格式：IF［条件表达式］THEN＜执行语句＞；

如果条件表达式成立，执行THEN后面的语句，只能执行一条语句。

【例3－10】 IF［#1GT30］THEN#1＝30。如果#1大于30，那么#1等于30中括号里面的条件满足的话，执行THEN后面的赋值语句；如果条件不满足，不执行THEN后面的赋值语句。

【例3－11】 #1＝2（把数值2赋值给#1）

#1＝#1－3（把#1－3计算出来的值重新赋值给#1，也就是2－3＝－1，现在#1＝－1）

IF［#1LT0］THEN#1＝0（强制赋值，如果#1小于0，那么强制让#1等于0）

M30；

当#1执行完减法运算以后，#1的值已经等于－1。在执行强制赋值语句时，－1小于0，满足中括号里面的条件；所以执行THEN后面的赋值语句#1＝0。

3. 循环（WHILE 语句）

格式：WHILE［表达式］DOn（n为数值，取值范围1～99）

ENDn（n与开头n的数值对应）

在WHILE后指定一个条件表达式，当指定条件成立时，执行从DO到END之间的程序段；否则，跳转到END后的程序段。

【例3－12】

当指定的条件成立时，执行从DO到END之间的程序段；否则，转而执行END之后的程序段。DO后的标号和END后的标号要一致，标号值可以是1、2或3。

【例3－13】 #1＝52；

WHILE［#1GT50］DO1；

G00 X#1；

G01 Z－30 F0.1；

G00 U2 Z5.；

END1；

M30；

当中括号里面条件满足的时候，执行DO1和END1之间的程序段；如果条件不满足，执行END1后面的程序段M30。

任务实施

同学们理解、记忆语句式宏代码（B 类宏）常用的算术、逻辑运算、条件运算符、语法和应用等。

课后练习

1. 简述你对宏程序的理解。
2. 宏变量怎么表示？宏变量怎样赋值？宏变量有哪些类型？
3. 公共变量和局部变量的区别在哪里？#100～#199 和#500～#999 的区别又在哪里？
4. 语句式宏代码（B 类宏）常用的算术和逻辑运算有哪些？
5. 语句式宏代码（B 类宏）常用的条件运算符有哪些？
6. GOTO 语句（无条件转移）的格式是怎样的？你是怎样理解它的？
7. 条件控制 IF 语句的格式是怎样的？你是怎样理解它的？
8. WHILE 循环语句如何理解的格式是怎样的？你是怎样理解它的？
9. 释义：#1＝6，GOTO20，IF［#1GT30］GOTO10，IF［#1LT2］THEN#1＝2，WHILE［#1GT50］DO1？

任务小结

本任务主要涉及宏变量的表示方法、宏变量的赋值、语句式宏代码（B 类宏）常用的算术和逻辑运算、常用的条件运算符、常用的语法和应用等。这些都是学习宏程序的基础知识，因此需要同学们理解、记忆的内容相对较多，希望同学们多看、多想、多记忆。

任务二　编写车削单个外圆的宏程序

任务目标

（1）认识宏程序在车削单个外圆的应用。
（2）理解宏程序的编程思路。

任务引入

前文介绍了宏程序的入门语法，本任务就来运用它们，编写车削单个外圆的宏程序。学习中，注意宏变量的选择和逻辑运算。

数控车削任务:

数控车削如图 3-1 所示加工单个外圆的零件,毛坯为 φ35 mm×70 mm 的 45 钢。

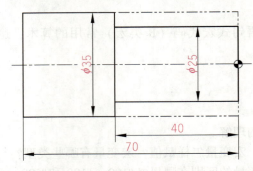

图 3-1 加工单个外圆的零件图

知识链接

一、加工准备

(1) 准备毛坯尺寸 φ35 mm×70 mm,端面车平即可。

(2) 装夹方式:普通自定心卡盘,夹持 φ35 mm 毛坯外圆,保证伸出长度略大于 45 mm。刀具:90°外圆车刀(材料:硬质合金)。量具:0~150 mm 的游标卡尺。

二、编程思路

(1) 编程原点建立在工件右端面中心处,车平端面。

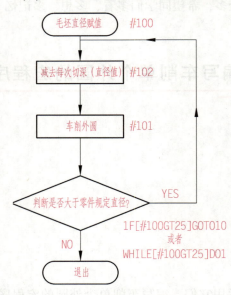

(2) 路径安排:
① 沿 X 轴负方向移动 2 mm(直径值);
② 沿 Z 轴负方向车削 40 mm;
③ 沿 X 轴正方向退刀;
④ 快速退刀至 Z1;
⑤ 沿 X 轴负方向移动 (2×2) mm(直径值);

进行后续的车削……沿 X 轴负向移动(直径值)是 2×n,n 为第 n 次进刀(n=1、2、3、4、5)。

(3) 需要赋值的变量:
毛坯直径——#100;轴向长度——#101;
每次切削深度(直径值)——#102。

(4) 车削的程序流程图。车削单个外圆的程序流程,如图 3-2 所示。

图 3-2 车削单个外圆的程序流程

三、编写参考程序

(1) 采用 "IF［条件表达式］GOTOn" 进行编程。

```
O1001
T0101；                    （调用1号90°外圆车刀及1号刀补值）
M03 S500 G99；             （主轴正转500 r/min，选用每转进给）
G00 X36 Z1；               （快速定位）
G01 Z0 F0.2；              （进刀至Z0）
X-1 F0.08；                （车端面）
G00 X37 Z1；               （快速定位）
#100 = 35；                （将毛坯直径35 mm，赋值给#100）
#101 = 40；                （将轴向长度40 mm，赋值给#101）
#102 = 2；                 （将每次切削深度（直径值）2 mm，赋值给#102）
N10 #100 = #100 - #102；   （每次外圆直径减小2 mm）
G00 X#100；                （径向定位至每次外圆直径减小的2 mm处）
G01 Z-#101 F0.1；          （车削外圆，长度40 mm）
X37；                     （径向退刀至X37）
G00 Z1；                   （快速定位至Z1）
IF［#100GT25］GOTO10；     （如果#100大于25，跳转到N10）
G00 X100 Z100；            （快速退刀）
M30；                      （程序结束，并返回）
```

(2) 采用 "WHILE［表达式］DOn" 进行编程。

```
O1002
T0101；                    （调用1号90°外圆粗车刀及1号刀补值）
M03 S500 G99；             （主轴正转500 r/min，选用每转进给）
G00 X36 Z1；               （快速定位）
G01 Z0 F0.2；              （进刀至Z0）
X-1 F0.08；                （车端面）
G00 X37 Z1；               （快速定位）
#100 = 35；                （将毛坯直径35 mm，赋值给#100）
#101 = 40；                （将轴向长度40 mm，赋值给#101）
#102 = 2；                 （将每次切削深度（直径值）2 mm，赋值给#102）
WHILE［#100GT25］DO1；     （当#100大于25，执行循环1）
#100 = #100 - #102；       （每次外圆直径减小2 mm）
G00 X#100；                （径向定位至每次外圆直径减小的2 mm处）
G01 Z-#101 F0.1；          （车削外圆，长度40 mm）
X37；                     （径向退刀至X37）
G00 Z1；                   （快速定位至Z1）
END1；                     （条件不满足：当#100小于或等于25。循环1结束）
G00 X100 Z100；            （快速退刀）
M30；                      （程序结束，并返回）
```

任务实施

在实训基地的数控车工室，按照安全操作规程，加工该工件：
(1) 装夹毛坯。
(2) 分别对刃磨好的车刀进行试切法对刀。
(3) 输入并检查参考程序。
(4) 单段运行参考程序，隔着防护窗观察刀具轨迹。
(5) 完成实训任务书。

课后练习

1. 编写车削如图3-3所示零件单个外圆的宏程序。

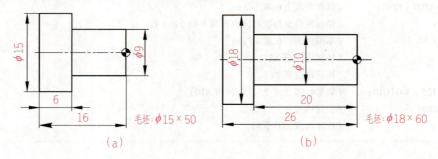

图3-3 练习题1零件图

2. 如图3-4所示零件的粗车程序用宏程序编写，精车程序按工件轮廓编写。

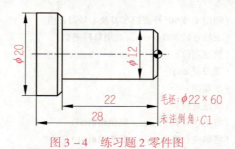

图3-4 练习题2零件图

任务小结

本任务以车削单个外圆为例，展现了宏程序变量的应用及宏程序中的逻辑运算。车削单个外圆的程序流程图体现了重要的编程思想，同学们要加强理解；并运用"IF［条件表达式］GOTOn""WHILE［表达式］DOn"语句多练习宏程序编程。

任务三　编写车削单个外沟槽的宏程序

任务目标

（1）认识宏程序在车削单个外沟槽的应用。
（2）理解宏程序的编程思路。

任务引入

前面介绍了车削单个外圆的宏程序，本次任务就来编写车削单个外沟槽的宏程序。学习中，难点是刀具轨迹的安排，重点是宏变量的选择和逻辑运算。同学们要攻克难点，掌握重点。

数控车削任务：

数控车削如图 3-5 所示的加工单个外沟槽的零件，尺寸为 φ20 mm × 5 mm。工件材料为 45 钢。

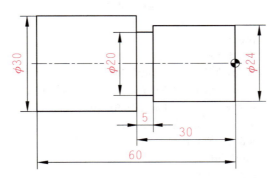

图 3-5　加工单个外沟槽的零件图

知识链接

1. 加工准备

（1）准备毛坯，端面车平即可。
（2）装夹方式：普通自定心卡盘，夹持 φ30 mm 毛坯外圆，保证伸出长度略大于 40 mm。刀具：外沟槽车刀（材料：硬质合金，刀宽 4 mm）。量具：0~150 mm 的游标卡尺。

2. 编程思路

（1）编程原点建立在工件右端面中心处，车平端面。

(2) 外沟槽宽度为 5 mm，切槽刀刀宽 4 mm，需要增加左、右进刀量各 1 mm。

(3) 为了减小刀具磨损，采用分层车削的方法。路径为：切入→退出→右进刀→切入→平槽；如此反复，完成外沟槽的加工。

(4) 需要赋值的变量：

毛坯直径——#100；每次切削深度（直径值）——#101；

Z 轴方向进刀量——#102；

每次车槽至槽底后，X 轴方向的退刀尺寸（直径）——#103。

(5) 车削流程图

车削单个外沟槽的程序流程如图 3-6 所示。

3. 编写参考程序

采用 "IF［条件表达式］GOTOn" 进行编程。

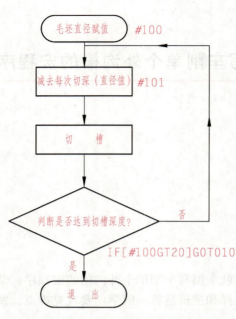

图 3-6　车削单个外沟槽的程序流程

```
O1003
T0202;                （调用 2 号外沟槽车刀及 2 号刀补值）
M03 S350 G99;         （主轴正转 350 r/min，选用每转进给）
G00 X32 Z1;
Z-30;                 （快速定位）
G01 X30 F0.2;         （进刀至 X30）
#100 = 30;            （将毛坯直径 30 mm，赋值给#100）
#101 = 2;             ［将每次切削深度（直径值）2 mm，赋值给#101］
#102 = 1;             （将 Z 轴方向进刀量 1 mm，赋值给#102）
N10 #100 = #100 - #101;   （每次切外沟槽，直径减小 2 mm）
#103 = #100 + 2.5;    ［每次车沟槽至槽底后，退刀 2.5 mm（直径值）］
G01 X#100 F0.04;      （车削外沟槽）
G01 X#103 F0.2;       （每次退刀 2.5 mm）
W#102;                （向 Z 轴正方向进刀 1 mm）
G01 X#100 F0.04;      （车削外沟槽）
W-#102;               （向 Z 轴负方向车削 1 mm，平槽底）
IF［#100GT20］GOTO10;  （如果#100 大于 20，跳转到 N10）
G01 X32 F0.5;         （退刀）
G00 X100;
Z100;                 （快速退刀）
M30;                  （程序结束，并返回）
```

任务实施

在实训基地的数控车工室，按照安全操作规程，加工该工件：

(1) 装夹毛坯。
(2) 分别对刃磨好的车刀进行试切法对刀。
(3) 输入并检查参考程序。
(4) 单段运行参考程序，隔着防护窗观察刀具轨迹。
(5) 完成实训任务书。

课后练习

编写车削如图 3-7 所示零件单个外沟槽的宏程序。

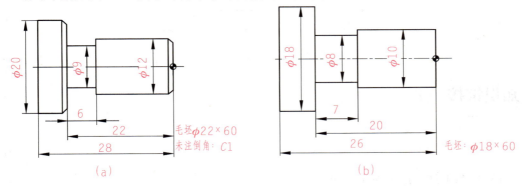

图 3-7　练习题零件图

任务小结

本任务以车削单个外沟槽为例，展现了宏程序变量的应用及宏程序中的逻辑运算。这是运用宏程序车削沟槽的模板，还可以推广用于切断工件。同学们要理解程序中 Z 轴方向的偏移，即 W#102。

任务四　编写车削端面的宏程序

任务目标

(1) 认识宏程序在车削端面的应用。
(2) 理解宏程序的编程思路。

任务引入

前面介绍了车削单个外圆、外沟槽的宏程序，本次任务安排一个相对简单的：编写车削端面的宏程序。从难到易，相信同学们会在这个任务的学习中，找回自信。

数控车削任务：

数控车削如图3-8所示需要车削端面的轴类零件，车削的端面的轴向长度为10 mm，工件材料为45钢。

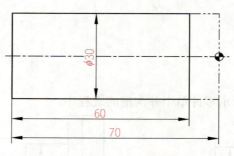

图3-8 车削端面的零件图

知识链接

一、加工准备

（1）准备毛坯，端面车平即可。

（2）装夹方式：普通自定心卡盘，夹持 ϕ30 mm 毛坯外圆，保证伸出长度略大于20 mm。刀具：90°外圆车刀（材料：硬质合金）。量具：0~150 mm 的游标卡尺。

二、编程思路

（1）编程原点建立在工件右端面中心处，车平端面。

（2）车削端面时，Z轴方向每次进刀2 mm，分5次车削完毕。

（3）需要赋值的变量：

Z轴方向初始尺寸——#100；

三、编写参考程序

采用"WHILE［表达式］DOn"进行编程。

```
O1004
T0101；                    （调用1号外圆车刀及1号刀补值）
M03 S350 G99；             （主轴正转350 r/min，选用每转进给）
G00 X32 Z1；               （快速定位）
#100 = 0；                 （将Z轴方向初始尺寸0，赋值给#100）
WHILE［#100GE-10］DO1；    （当#100大于或等于-10，执行循环1）
G00 Z#100；                （Z轴方向定位）
G01 X-1 F0.06；            （车端面）
G00 W1；                   （Z轴正方向退刀1 mm）
```

```
X32;              (X 轴正方向退刀至 32 mm)
#100 = #100 - 1;  (每次 Z 轴向负方向减小 1 mm)
END1;             (当#100 小于 -10, 循环 1 结束)
G00 Z100;         (快速退刀)
X100;
M30;              (程序结束, 并返回)
```

任务实施

在实训基地的数控车工室，按照安全操作规程，加工该工件：
(1) 装夹毛坯。
(2) 分别对刃磨好的车刀进行试切法对刀。
(3) 输入并检查参考程序。
(4) 单段运行参考程序，隔着防护窗观察刀具轨迹。
(5) 完成实训任务书。

课后练习

编写车削如图 3-9 所示零件端面的宏程序。

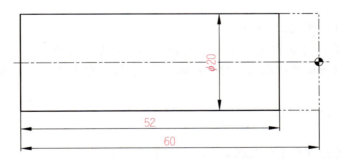

图 3-9　练习题零件图

任务小结

本任务以车削端面为例，展现了宏程序变量的应用及宏程序中的逻辑运算。这次的任务较简单，与前面运用宏程序车削外沟槽很类似，关键在于"#100 = #100 - 1"，每次 Z 轴向负方向减小 1 mm。

任务五　编写钻孔的宏程序

任务目标

（1）认识宏程序在钻孔中的应用。
（2）理解宏程序的编程思路。

任务引入

将钻头安装在刀架上，就可以采用编程的方式钻孔。本任务安排的是采用宏程序钻孔。同学们需要注意麻花钻的钻孔和退出中，宏变量的赋值和逻辑运算。
数控车削任务：
数控钻削如图 3-10 所示套筒，工件材料为 45 钢。

知识链接

一、加工准备

（1）准备毛坯，端面车平即可。
（2）装夹方式：普通自定心卡盘，夹持 φ30 mm 毛坯外圆，保证伸出长度略大于 20 mm。刀具：φ16 mm 的麻花钻（材料：高速钢），安装在刀架上。量具：0~150 mm 的游标卡尺。

二、编程思路

（1）编程原点建立在工件右端面中心处，车平端面。
（2）钻孔时，每钻入深度 2 mm，退出钻头（便于排屑和冷却，减少刀具磨损）；然后定位到距上次加工深度少 0.5 mm 的位置，再次钻入 2 mm 深，如此循环。
（3）需要赋值的变量：
Z 轴方向深度——#100；
每次 Z 轴方向退刀尺寸——#101。
（4）钻孔程序流程如图 3-11 所示。

三、编写参考程序

采用"IF［条件表达式］GOTOn"进行编程。

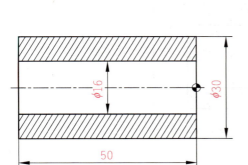

图 3-10 套筒的零件图

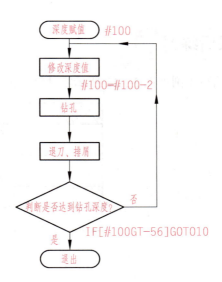

图 3-11 钻孔程序流程

```
O1005
T0303;                    （调用 3 号麻花钻及 3 号刀补值）
M03 S350 G99;             （主轴正转 350 r/min，选用每转进给）
G00 X0 Z1;                （快速定位）
G01 Z0.5 F0.4;            （进刀至 Z0.5）
#100=0;                   （将初始 Z 轴方向深度，赋值给#100）
N10 #100=#100-2;          （每次钻入深度 2 mm）
G01 Z#100 F0.06;          （钻孔）
G00 Z2;                   （每次退刀至 Z2，排屑）
#101=#100+0.5;            （距上次加工深度少 0.5 mm）
G00 Z#101;                （返回至距上次加工深度少 0.5 mm 处）
IF［#100GT-56］GOTO10;    （如果#100 大于 -56，跳转到 N10）
G00 Z100;                 （快速退刀）
X100;
M30;                      （程序结束，并返回）
```

任务实施

在实训基地的数控车工室，按照安全操作规程，加工该工件：

（1）装夹毛坯。

（2）分别对刃磨好的钻头进行试切法对刀。

（3）输入并检查参考程序。

（4）单段运行参考程序，隔着防护窗观察刀具轨迹。

（5）完成实训任务书。

课后练习

编写车削如图 3-12 所示零件钻孔的宏程序。

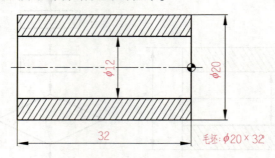

图 3-12 练习题零件图

任务小结

本任务以钻孔为例,展现了宏程序变量的应用及宏程序中的逻辑运算。同学们要体会宏程序实现"钻削→退出→定位→钻削"的循环过程。

任务六 编写车削凸圆弧的宏程序

任务目标

(1) 认识宏程序在车削凸圆弧的应用。
(2) 理解宏程序的编程思路。

任务引入

本次任务安排的是数控车削凸圆弧,主要为了展现对一些公式曲线编程的三种编程思路:分层法编程、公式法编程、参数编程。这三种编程思路在宏程序编程中具有很强的代表性;同学们要多体会、多练习。

数控车削任务:

数控车削如图 3-13 所示工件右侧凸圆弧,工件材料为 45 钢。

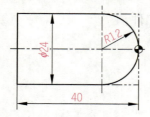

图 3-13 带凸圆的零件图

知识链接

一、用分层法编程车削凸圆弧

1. 加工准备

(1) 准备毛坯,端面车平即可。

(2) 装夹方式:普通自定心卡盘,夹持φ24 mm外圆,保证伸出长度略大于20 mm。刀具:90°外圆车刀(材料:硬质合金)。量具:0～150 mm的游标卡尺。

2. 编程思路

(1) 编程原点建立在工件右端面中心处,车平端面。

(2) 车削圆弧的思路比较多,常用的有分层车削法、用参数编程法、余量平移法等。这里,采用每次进刀2 mm(直径值),把余量分为12次车削。

(3) 需要赋值的变量。

余量初始直径值——#100;

每次车削圆弧的终点直径值——#101。

(4) 分层车削凸圆弧的轨迹如图3-14所示。

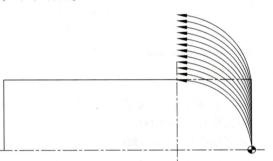

图3-14 分层车削凸圆弧的轨迹

3. 编写参考程序

采用"IF[条件表达式]GOTOn"进行编程。

```
O1006
T0101;                  (调用1号外圆车刀及1号刀补值)
M03 S600 G99;           (主轴正转600 r/min,选用每转进给)
G00 X26 Z1;             (快速定位)
#100=24;                (将余量初始直径值,赋值给#100)
N10 #100=#100-2;        (每次余量减少2 mm(直径值))
G00 X#100;              (每次定位至圆弧起始点的X直径值)
G01 Z0 F0.08;           (每次进给至圆弧起始点的Z0)
#101=#100+24;           (将每次车削圆弧的终点直径值,赋值给#101)
G03 X#101 Z-12 R12;     (每次车削R12的凸圆弧轮廓)
G00 Z0.5;               (每次定位至Z0.5)
IF[#100GT0]GOTO10;      (如果#100大于0,跳转到N10)
G00 X100;               (快速退刀)
Z100;
M30;                    (程序结束,并返回)
```

本方法思路清晰、逻辑简单，但存在大量空走刀，效率低。

二、用公式法编程精车削凸圆弧

1. 编程思路

（1）编程原点建立在工件右端面中心处，车平端面。

（2）根据圆心在坐标原点的圆弧方程 $X^2 + Z^2 = R^2$，把 X 作为自变量，Z 作为因变量，把圆弧上的点用函数关系表示出来。再利用 G01 直线插补来车削圆弧轮廓，如图 3-15 所示。

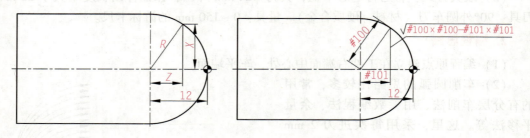

图 3-15 公式法的坐标值

（3）需要赋值的变量。

圆弧半径——#100；

圆弧轴向距离——#101。

即：$X = \sqrt{R^2 - Z^2} = \sqrt{\#100 \times \#100 - \#101 \times \#101}$

2. 编写参考程序

采用"IF［条件表达式］GOTOn"进行编程。

```
O1007
T0101;                        (调用1号外圆车刀及1号刀补值)
M03 S600 G99;                 (主轴正转600 r/min,选用每转进给)
G00 X26 Z1;                   (快速定位)
#100 = 12;                    (将圆弧半径,赋值给#100)
#101 = 12;                    (将圆弧轴向距离初始值,赋给#101)
N10 #102 = #100 * #100;       (R², 赋值给#102)
#103 = #101 * #101;           (Z², 赋值给#103)
#104 = #102 - #103;           (R² - Z², 赋值给#104)
#105 = SQRT#104;              (X = √(R² - Z²), 将X值赋值给#105)
#106 = 2 * #105;              (圆弧X直径值)
#107 = #101 - 12;             (圆弧Z值)
G01 X#106 Z#107 F0.05;        (车凸圆弧轮廓)
#101 = #101 - 0.1;            (圆弧Z值每次递减0.1 mm)
IF [#101GE0] GOTO10;          (如果#101大于或等于0,跳转到N10)
G00 X100;                     (快速退刀)
Z100;
M30;                          (程序结束,并返回)
```

本程序是精车圆弧轮廓程序,该程序不能用于粗加工,否则会出现扎刀或撞刀现象。

三、用参数编程精车削凸圆弧

1. 编程思路

(1) 编程原点建立在工件右端面中心处,车平端面。

(2) 根据圆的参数方程:$X = R\sin\theta$,$Z = R\cos\theta$,$0 \leq \theta \leq 2\pi$。把角θ作为变量,把圆弧上的点通过参数关系表示出来。再利用G01直线插补来车削圆弧轮廓。此案例中,$0 \leq \theta \leq \pi/2$,如图3-16所示。

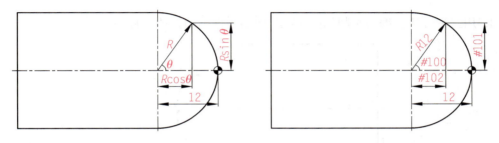

图3-16 参数法的坐标值

(3) 需要赋值的变量。

角θ初始值——#100。

2. 编写参考程序

采用"IF[条件表达式] GOTOn"进行编程。

```
O1008
T0101;                  (调用1号外圆车刀及1号刀补值)
M03 S600 G99;           (主轴正转600 r/min,选用每转进给)
G00 X24 Z1;             (快速定位)
#100=0;                 (将角θ初始值,赋值给#100)
N10 #101=12*SIN#100;    (将X轴方向半径值,赋值给#101)
#102=12*COS#100;        (将用参数方程计算的Z值,赋值给#102)
#103=#102-12;           (将加工的Z值,赋值给#103)
#104=2*#101;            (将X轴方向直径值,赋值给#104)
G01 X#104 Z#103 F0.05;  (车凸圆弧轮廓)
#100=#100+0.1;          (角θ每次递增0.1°)
IF[#100LE90] GOTO10;    (如果#100小于或等于90°,跳转到N10)
G00 X100;               (快速退刀)
Z100;
M30;                    (程序结束,并返回)
```

任务实施

在实训基地的数控车工室,按照安全操作规程,加工该工件:

(1) 装夹毛坯。
(2) 分别对刃磨好的车刀进行试切法对刀。
(3) 输入并检查参考程序。
(4) 单段运行参考程序,隔着防护窗观察刀具轨迹。
(5) 完成实训任务书。

注意：用公式法和参数法编写的参考程序为精车程序,不能用于粗车。

课后练习

1. 用三种方法,编写车削如图 3-17 所示零件凸圆弧的宏程序。

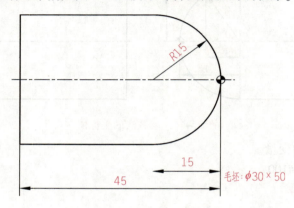

图 3-17 练习题 1 零件图

2. 用你认为最方便的方法,编写车削如图 3-18 所示零件凸圆弧的宏程序。

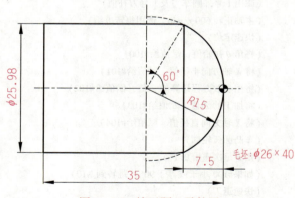

图 3-18 练习题 2 零件图

任务小结

本任务以车削凸圆弧为例,展现了三种常用的宏程序编程方法,各具代表性。这三种方法对很多同学来说很有难度,因此,同学们要勤练、勤想、勤问,深刻理解这三种方法。

任务七 编写车削外圆锥的宏程序

任务目标

（1）认识宏程序在车削外圆锥的应用。
（2）理解宏程序的编程思路。

任务引入

本任务安排的是数控车削外圆锥，通过本任务不仅可以深入认识外圆锥的相关计算，而且还能学习一种具有代表性的、新的编程思路：锥度平移法。同学们要注意理解：宏程序中 Z 向坐标值的计算方法。

数控车削任务：
数控车削如图 3-19 所示外圆锥，工件材料为 45 钢。

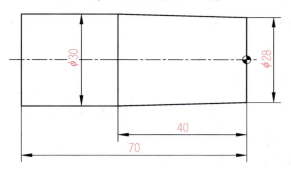

图 3-19 含外圆锥的零件图

知识链接

一、加工准备

（1）准备毛坯，端面车平即可。
（2）装夹方式：普通自定心卡盘，夹持 φ30 mm 外圆，保证伸出长度约 50 mm。刀具：90°外圆车刀（材料：硬质合金）。量具：0~150 mm 的游标卡尺、圆锥套规。

二、编程思路

（1）编程原点建立在工件右端面中心处，车平端面。

（2）编程方法：采用锥度平移法。

（3）外圆锥中的计算。

① 锥度 C 的计算，如图 3-20 所示。

外圆锥的锥度 $C = (D-d)/L$。

在直角三角形中，角 θ 的正切值 $= \dfrac{\text{角}\theta\text{的对边长度}}{\text{角}\theta\text{的邻边长度}}$，即 $\tan\theta = \dfrac{(D-d)/2}{L}$，角 θ 为圆锥半角。$2\tan\theta = \dfrac{(D-d)}{L} = C$，$\tan\theta$ 为外圆锥轮廓的斜率。

加工任务中，外圆锥的锥度 $C = (30-28)/40 = 1/20$。

② Z 方向坐标值的计算，如图 3-21 所示。

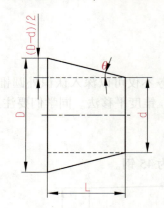

图 3-20 外圆锥尺寸 　　　图 3-21 Z 方向坐标值的计算

根据 $2\tan\theta = C$，计算 Z 值：

$$\tan\theta = \dfrac{X/2}{Z} \Rightarrow 2\tan\theta = \dfrac{X}{Z} \Rightarrow Z = \dfrac{X}{2\tan\theta} = \dfrac{X}{C}$$

注：C 为锥度，X 为减少的直径值。

（4）锥度平移法路径，如图 3-22 所示。

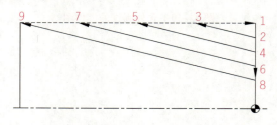

图 3-22 锥度平移法路径

锥度不变，车削路径：

① 点 1→进给至点 2→车削至点 3→退刀至点 1；

② 点 1→进给至点 4→车削至点 5→退刀至点 1；

③ 点 1→进给至点 6→车削至点 7→退刀至点 1；

④ 点 1→进给至点 8→车削至点 9→退刀至点 1。

三、编写参考程序

采用"IF［条件表达式］GOTOn"进行编程。

```
O1009
T0101;                    （调用 1 号外圆车刀及 1 号刀补值）
M03 S500 G99;             （主轴正转 500 r/min，选用每转进给）
G00 X30 Z1;               （快速定位）
#100 = 30;                （将圆锥大端直径 30 mm，赋值给#100）
#101 = 0;                 （将小端直径变化的初始值 0，赋值给#104）
G01 Z0 F0.1;              （进给至 Z0 点）
N20 #100 = #100 - 0.5;    （每次小端直径减小 0.5 mm）
G01 X#100 F0.1;           （进给至计算后的 X#100）
#101 = #101 + 0.5;        （每次小端直径变化值递增 0.5 mm）
#102 = 1/20;              （将锥度 1/20，赋值给#102）
#103 = #101/#102;         ($Z = \dfrac{X}{C}$，将 Z 值赋给#103）
G01 X30 Z-#103 F0.1;      （车圆锥）
G00 Z0;                   （快速定位至 Z0）
IF［#100GT28］GOTO20;      （如果#100 大于 28，跳转到 N20）
G00 X100;                 （快速定位）
Z100;
M30;                      （程序结束，并返回）
```

任务实施

在实训基地的数控车工室，按照安全操作规程，加工该工件：
（1）装夹毛坯。
（2）分别对刃磨好的车刀进行试切法对刀。
（3）输入并检查参考程序。
（4）单段运行参考程序，隔着防护窗观察刀具轨迹。
（5）完成实训任务书。

课后练习

编写车削如图 3-23 所示零件外圆锥的宏程序。

任务小结

本任务以车削外圆锥为例，介绍了一种编程方法——锥度平移法。这里面涉及数学的三角函数的计算，同学们可以再温习一下三角函数的知识，这样理解起来会更轻松。

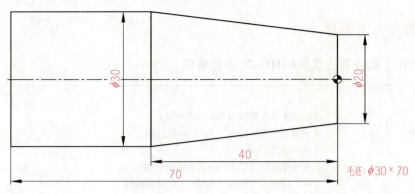

图 3-23 练习题零件图

任务八　编写车削外矩形螺纹的宏程序

任务目标

（1）认识宏程序在车削外矩形螺纹中的应用。
（2）理解宏程序的编程思路。

任务引入

很多传动螺纹常用宏程序编程，本任务安排的是数控车削外矩形螺纹。虽然安排的案例简单，但同学们依然要注意理解其中的逻辑运算和强制赋值语句。

数控车削任务：

数控车削如图 3-24 所示外矩形螺纹，螺距为 6 mm，螺纹长 20 mm，工件材料为 45 钢。

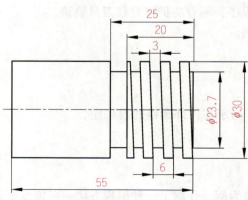

图 3-24　含外矩形螺纹的零件图

知识链接

一、加工准备

（1）准备毛坯，端面车平即可。

（2）装夹方式：普通自定心卡盘，夹持 φ30 mm 外圆，保证伸出长度约 30 mm。刀具：矩形螺纹车刀（材料：硬质合金）。量具：0～150 mm 的游标卡尺、矩形螺纹套规，如图 3-25 所示。

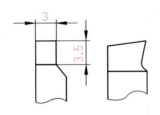

图 3-25 矩形螺纹车刀

二、编程思路

（1）编程原点建立在工件右端面中心处，车平端面。

（2）本例中，螺纹刀具轨迹：进刀→车削螺纹→X 向退刀→Z 向退刀，如此反复直至完成螺纹的车削。螺纹加工深度作为变量。

三、编写参考程序

采用"IF［条件表达式］GOTOn"进行编程。

```
O1010
T0404；                （调用4号外圆车刀及4号刀补值）
M03 S500 G99；         （主轴正转500 r/min，选用每转进给）
G00 X30 Z12；          （快速定位）
#100 = 30；            （将矩形螺纹大径30 mm，赋值给#100）
#101 = 23.7；          （将矩形螺纹小径23.7 mm，赋值给#101）
#102 = 0.2；           （将螺纹加工深度（直径值），赋值给#102）
N20 #100 = #100 - #102； （矩形螺纹大径30，每次减小0.2 mm）
IF［#100LE#101］THEN#100 = #101；
（如果螺纹大径减小后的尺寸小于或等于螺纹小径的尺寸时，强制让螺纹大径减小后的尺寸等于螺纹小径的尺寸）
G00 X#100 Z12；        （定位至每次车削螺纹的起始点）
G32 Z-24 F6；
（车矩形螺纹，刀位点在左刀尖，车刀Z轴方向尺寸须大于或等于：20 mm + 刀宽）
G00 X32；              （X轴方向退刀至X32）
Z12；                  （Z轴方向退刀至Z12）
IF［#100GT23.7］GOTO20；（如果螺纹大径尺寸大于23.7时，跳转至N20）
G00 X100 Z100；        （快速定位）
M30；                  （程序结束，并返回）
```

任务实施

在实训基地的数控车工室，按照安全操作规程，加工该工件：

(1) 装夹毛坯。
(2) 分别对刃磨好的车刀进行试切法对刀。
(3) 输入并检查参考程序。
(4) 单段运行参考程序，隔着防护窗观察刀具轨迹。
(5) 完成实训任务书。

课后练习

编写车削如图3-26所示零件外矩形螺纹的宏程序。

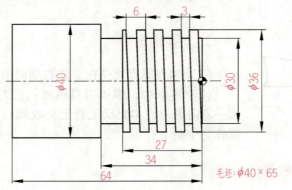

图3-26 练习题零件图

任务小结

本任务以车削外矩形螺纹为例，介绍了直进法车削一种简单螺纹的宏程序。同学们多体会其中的编程语句，勤加练习。

任务九 编写精车公式曲线的宏程序

任务目标

(1) 认识宏程序在车削公式曲线中的应用。
(2) 理解宏程序的编程思想。

任务引入

当遇到车削的工件轮廓为公式曲线，系统又没有自带相应的G代码时，手工编程只能采用宏程序编程。本任务安排了精车抛物线和精车正弦曲线的两个案例，以便同学们深入认识编写公式曲线的宏程序的思路。

一、数控车削任务1

数控精车如图3-27所示轮廓为抛物线的工件,工件材料为45钢。

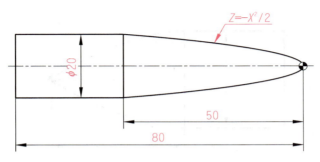

图3-27 含抛物线的零件图

1. 加工准备

(1) 准备毛坯,端面车平即可。

(2) 装夹方式:普通自定心卡盘,夹持φ20 mm外圆,保证伸出长度约55 mm。刀具:90°外圆车刀(材料:硬质合金)。量具:0~150 mm的游标卡尺、抛物线样板。

2. 编程思路

(1) 编程原点建立在工件右端面中心处,车平端面。

(2) 本例中,加工内容为抛物线。抛物线是非圆曲线。依靠抛物线的标准方程编程,抛物线Z方向从起始值逐步增大到Z方向的终点值,再通过数学关系把X方向的值表达出来。

(3) 根据公式$X = \sqrt{2Z}$(此处X为半径值),需要赋值的变量:

Z方向初始值——#100,X方向(半径值)——#101,$\sqrt{2Z}$——#102。

3. 编写参考程序

采用"IF [条件表达式] GOTOn"进行编程。

```
O1011
T0101;                    (调用1号外圆车刀及1号刀补值)
M03 S500 G99;             (主轴正转500 r/min,选用每转进给)
G00 X20 Z1;               (快速定位)
#100 = 0;                 (Z轴方向起始值0——赋值给#100)
N10 #101 = 2 * #100;      (将2×Z,赋值给#101)
#102 = SQRT#101;          (将X = √2Z(半径值),赋值给#102)
#103 = 2 * #102;          (将2×X,直径值赋值给#103)
G01 X#103 Z-#100 F0.05;   (车抛物线轮廓)
#100 = #100 + 0.1;        (Z轴方向长度,每次递增0.1 mm)
IF [#100LE50] GOTO10;
(如果不断递增的Z方向长度小于或等于50时,跳转到N10)
G00 X100;                 (快速退刀)
Z100;
M30;                      (程序结束,并返回)
```

二、数控车削任务 2

数控精车如图 3-28 所示轮廓为正弦曲线的工件。工件材料为 45 钢。

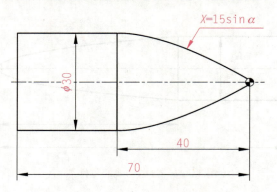

图 3-28 含正弦曲线的零件图

1. 加工准备

（1）准备毛坯，端面车平即可。

（2）装夹方式：普通自定心卡盘，夹持 $\phi20$ mm 外圆，保证伸出长度约 50 mm。刀具：$90°$ 外圆车刀（材料：硬质合金）。量具：$0\sim150$ mm 的游标卡尺、正弦曲线样板。

2. 编程思路

（1）编程原点建立在工件右端面中心处，车平端面。

（2）本例中，加工内容为正弦曲线。正弦曲线是非圆曲线。正弦曲线 Z 轴方向从起始值逐步增大到 Z 轴方向的终点值，再通过数学关系把 X 轴方向的值表达出来。

（3）依靠正弦曲线的方程 $X = A\sin(\omega t + \varphi)$ 编程。由公式：$\omega = \dfrac{2\pi}{T}$，$\dfrac{1}{4}T = 40 \Rightarrow T = 160$，$\omega = \dfrac{\pi}{80} = \dfrac{180°}{80} = \dfrac{9°}{4}$。

$\varphi = 0$，则案例中正弦曲线的方程为：

$$X = 15\sin\left(\dfrac{9°}{4}Z\right)$$

或这样理解：

图 3-28 中曲线为正弦函数的 1/4 个周期，对应的度数为 $90°$，$Z = \dfrac{40\text{ mm}}{90°} \times \alpha$。$\dfrac{40\text{ mm}}{90°}$ 为 $1°$ 对应的毫米数；再乘以度数 α，则为 α 对应的毫米数。

$X = 15\sin\alpha$，这是所要车削的正弦曲线的公式。

进行替换：$\alpha = \dfrac{90°}{40\text{mm}} \times Z$，

则 $X = 15\sin\alpha = 15\sin\left(\dfrac{90°}{40}Z\right) = 15\sin\left(\dfrac{9°}{4}Z\right)$

3. 编写参考程序

采用"IF［条件表达式］GOTOn"进行编程。

```
O1012
T0101;                        （调用1号外圆车刀及1号刀补值）
M03 S500 G99;                 （主轴正转 500 r/min，选用每转进给）
G00 X30 Z1;                   （快速定位）
#100 = 0;                     （Z轴方向起始值0——赋值给#100）
#101 = 9/4                    （系数——赋值给#101）
N10#102 = #101 * #100;        （将 9°/4 Z，赋值给#102）
#103 = SIN#102;               [将 sin(9°/4 Z)，赋值给#103]
#104 = 15 * #103;             [将 15sin(9°/4 Z)，半径值赋给#104]
#105 = 2 * #104;              [将 30sin(9°/4 Z)，直径值赋值给#105]
G01 X#105 Z - #100F0.05;      （车正弦曲线轮廓）
#100 = #100 + 0.1;            （Z轴方向长度，每次递增 0.1 mm）
IF［#100LE40］GOTO10;         （如果不断递增的Z轴方向长度小于或等于40时，跳转到N10）
G00 X100;                     （快速退刀）
Z100;
M30;                          （程序结束，并返回）
```

任务实施

在实训基地的数车仿真室，按照安全操作规程，用参考程序仿真相应的公式曲线的车削。

案例中的参考程序为精车程序，不能用于粗车。同学们可自己思考并编写粗车程序，再仿真；若仿真成功，可到数控车床上加工。

课后练习

编写精车如图 3-29 所示正弦曲线（实线部分）的宏程序。

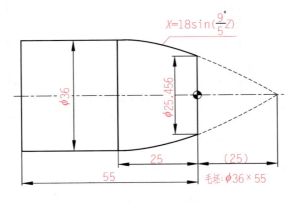

图 3-29 练习题零件图

任务小结

本任务以精车抛物线和精车正弦曲线为例,介绍了精车公式曲线的编程思路。同学们多理解其中的公式变形和编程思路。案例中只是精车程序,同学们可自己思考并编写粗车程序。

任务十 运用椭圆插补代码编程

任务目标

(1) 认识椭圆插补 G6.2、G6.3 代码。
(2) 运用椭圆插补代码编程车削椭圆弧。

任务引入

在 GSK980TDb 系统中,自带椭圆插补代码(G6.2、G6.3 代码),用于椭圆的车削。本任务主要运用椭圆插补代码编程车削椭圆弧。不要觉得 G6.2、G6.3 代码有多复杂,可对比 G02、G03 代码,学习起来会更容易些。

数控车削任务:

数控车削如图 3-30 所示轮廓为椭圆的工件,工件材料为 45 钢。

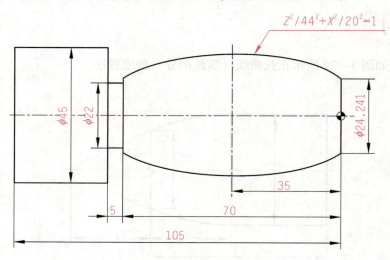

图 3-30 含椭圆弧的零件图

一、加工准备

(1) 准备毛坯，端面车平即可。

(2) 装夹方式："一夹一顶"：普通自定心卡盘，夹持 $\phi 45$ mm 外圆，保证伸出长度约 80 mm，顶尖顶入中心孔，松紧适当，锁紧尾座。刀具：90°外圆车刀（材料：硬质合金）。量具：0~150 mm 的游标卡尺、椭圆弧样板。

(3) 椭圆标准方程 $\dfrac{Z^2}{44^2}+\dfrac{X^2}{20^2}=1$ 中，44 mm 表示长半轴的长度、20 mm 表示短半轴的长度。

(4) 刀具副偏角大于或等于 30°，如图 3-31 所示。

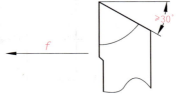

图 3-31 安排的刀具

二、编程思路

先加工 5 mm 宽的槽，再加工椭圆部分。在 GSK980TDb 系统中，椭圆部分采用椭圆插补代码（G6.2 或 G6.3 代码）编写，嵌入 G73 代码或 G71（Ⅱ型）代码中。

1. 代码功能

(1) G6.2、G6.3 代码为模态 G 代码。

(2) G6.2 代码运动轨迹为从起点到终点的顺时针（后刀座坐标系）/逆时针（前刀座坐标系）椭圆。

G6.3 代码运动轨迹为从起点到终点的逆时针（后刀座坐标系）/顺时针（前刀座坐标系）椭圆。

(3) G6.2、G6.3 代码顺、逆方向的判断和 G02、G03 代码顺、逆方向的判断方法是一样的。将刀具想象在工件上方，从起点到终点，顺时针方向插补则用 G6.2 代码；逆时针方向插补则用 G6.3 代码，如图 3-32 所示。

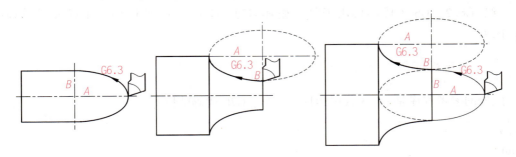

图 3-32 G6.2、G6.3 代码顺、逆方向的判断

2. 代码格式

G6.2 X(U)__ Z(W)__ A__ B__ Q__;

G6.3 X(U)__ Z(W)__ A__ B__ Q__;

3. 代码说明

X(U)：X 轴方向的终点坐标值。

Z(W)：Z轴方向的终点坐标值。

A：椭圆长半轴长，无符号。

B：椭圆短半轴长，无符号。

Q：椭圆的长轴与坐标系的Z轴的夹角（单位：0.001°，无符号，角度对180取余），如图3-33所示。

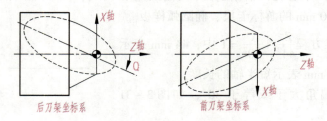

图3-33　椭圆的长轴与坐标系的Z轴的夹角的示意图

4. 代码注意事项

（1）A、B是非模态参数，如果不输入默认为0，当A=0或B=0时，系统产生报警。当A=B的时候作为圆弧（G02/G03）加工。

（2）Q值是非模态参数，每次使用都必须指定，省略时默认为0°，长轴与Z轴平行或重合。

（3）Q的单位为0.001°，若与Z轴的夹角为180°，程序中需输入Q180000，如果输入的为Q180或Q180.0，均认为是0.18°。

（4）编程的起点与终点间的距离大于长轴长度，系统会产生报警。

（5）地址X(U)、Z(W)可省略一个或全部：当省略一个时，表示省略的该轴的起点和终点一致；同时省略表示终点和始点是同一位置，将不做处理。

（6）椭圆插补只加工小于180°（包含180°）的椭圆。

（7）G6.2、G6.3代码可用于刀具补偿中，注意事项同G02、G03代码。

（8）G6.2、G6.3代码可用于复合循环G70、G71、G73代码中，注意事项同G02、G03代码。

三、编写椭圆部分的参考程序

此处的参考程序是G6.3代码运用于G73、G70代码的情况。

```
O1013
T0101；
M03 S800 G99；
G00 X45 Z2；
G73 U11 R15；
G73 P10 Q20 U0.5 W0 F0.1；
N10 G00 X24.241；
G01 Z0 F0.08；
G6.3 X24.241 Z-70 A44 B20 Q0；
```

（椭圆插补，终点坐标 X24.241，Z-70，长半轴 44 mm，短半轴 20 mm，椭圆的长轴与坐标系的 Z 轴的夹角为 0°，椭圆长轴与 Z 轴重合）
G01 X24.241 Z-71；
N20 X45；
G00 X100；
Z100；
M05；
M00；
M03 S1000；
G00 X45 Z2；
G70 P10 Q20；
G00 X100；
Z100；
M30；

任务实施

在实训基地的数控车工室，按照安全操作规程，加工该工件：
（1）装夹毛坯。
（2）分别对刃磨好的车刀进行试切法对刀。
（3）输入并检查参考程序。
（4）单段运行参考程序，隔着防护窗观察刀具轨迹。
（5）完成实训任务书。

课后练习

运用 G6.2 或 G6.3 代码编写车削如图 3-34 所示椭圆弧的程序。

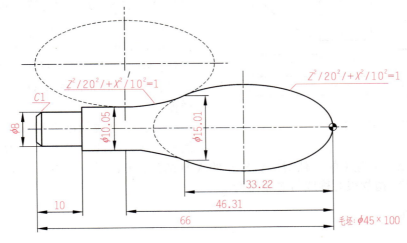

图 3-34　练习题零件图

任务小结

本任务主要涉及椭圆插补 G6.2、G6.3 代码的功能、格式、说明、注意事项以及数控车削案例。同学们需加强课后练习,熟练运用椭圆插补代码编程车削椭圆弧。

任务十一 运用抛物线插补代码编程

任务目标

(1)认识抛物线插补 G7.2、G7.3 代码。
(2)运用抛物线插补代码编程车削抛物线弧。

任务引入

在 GSK980TDb 系统中,自带抛物线插补代码(G7.2、G7.3 代码),用于抛物线的车削。本任务主要运用抛物线插补代码编程车削抛物线弧。G7.2、G7.3 代码与 G6.2、G6.3/G02、G03 代码很类似,同学们可参考其学习。

数控车削任务:
数控车削如图 3-35 所示轮廓为抛物线的工件,工件材料为 45 钢。

一、加工准备

(1)准备毛坯,端面车平即可。
(2)装夹方式:普通自定心卡盘,夹持 $\phi 45$ mm 外圆,保证伸出长度约 40 mm。刀具:90°外圆车刀(材料:硬质合金)。量具:0~150 mm 的游标卡尺、抛物线样板。
(3)抛物线标准方程 $Y^2 = 2PX$。此案例中,抛物线的方程 $Y^2 = -2PX$,$P = 10$,

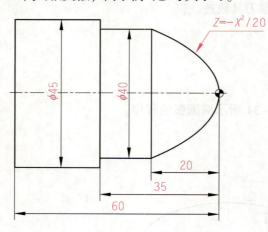

图 3-35 含抛物线的零件图

则 $Y^2 = -20X$。方程中的 Y 值对应数控车的 X 轴的值,X 值对应数控车的 Z 轴的值,则 $Z = -X^2/20$。抛物线对称线与 Z 轴重合。

二、编程思路

在 GSK980TDb 系统中,采用抛物线插补代码(G7.2、G7.3 代码)编写。

1. 代码功能

（1）G7.2、G7.3 代码为模态 G 代码。

（2）G7.2 代码运动轨迹为从起点到终点的顺时针（后刀座坐标系）/逆时针（前刀座坐标系）抛物线。

G7.3 代码运动轨迹为从起点到终点的逆时针（后刀座坐标系）/顺时针（前刀座坐标系）抛物线。

（3）这里 G7.2、G7.3 代码顺、逆方向的判断和 G02、G03 代码顺、逆方向的判断方法是一样的。将刀具想象在工件上方，从起点到终点，顺时针方向插补则用 G7.2 代码，逆时针方向插补则用 G7.3 代码，如图 3 – 36 所示。

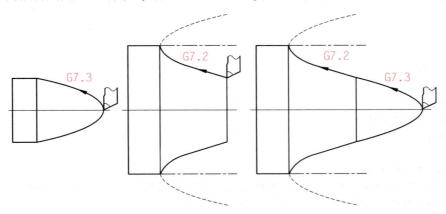

图 3 – 36　G7.2、G7.3 代码顺、逆方向的判断

2. 代码格式：

G7.2 X(U)__ Z(W)__ P__ Q__；
G7.3 X(U)__ Z(W)__ P__ Q__；

3. 代码说明

X(U)：X 轴方向的终点坐标值。

Z(W)：Z 轴方向的终点坐标值。

P：抛物线标准方程 $Y^2 = 2PX$ 中的 P 值，单位：最小输入增量，无符号。GSK980TDb 系统的最小增量为 0.000 1 mm。

Q：抛物线对称轴与 Z 轴的夹角，单位：0.001°，无符号。

抛物线对称轴与 Z 轴的夹角如图 3 – 37 所示。

4. 代码注意事项

（1）P 值不可以为零或省略，否则产生报警。

（2）P 值不含符号，如果输入了负值，则取其绝对值。

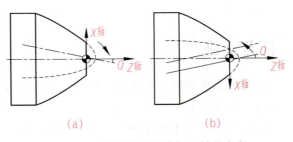

图 3 – 37　抛物线对称轴与 Z 轴的夹角
(a) 后刀架坐标系；(b) 前刀架坐标系

(3) Q 值可省略，当省略 Q 值时，则抛物线的对称轴与 Z 轴平行或重合，Q 不含符号。

(4) 当起点与终点所在的直线与抛物线的对称轴平行时，产生报警。

(5) G7.2、G7.3 代码可用于刀具补偿中，注意事项同 G02、G03 代码。

(6) G7.2、G7.3 代码可用于复合循环 G70、G71、G73 代码中，注意事项同 G02、G03 代码。

三、编写参考程序

此处的参考程序是 G7.3 代码运用于 G71、G70 代码的情况。

```
O1014
T0101;
M03 S800 G99;
G00 X45 Z2;
G71 U1 R0.3;
G71 P10 Q20 U0.6 W0 F0.1;
N10 G00 X0;
G01 Z0 F0.08;
G7.3 X40 Z-20 P10000 Q0;
（抛物线插补，终点坐标 X40，Z-20，抛物线的 P = 10 mm（若系统的小增量为 0.001 mm，P 为 10 000），抛物线的对称线与坐标系的 Z 轴的夹角为 0°，即抛物线对称线与 Z 轴重合）
G01 Z-35;
N20 X45;
G00 X100;
Z100;
M05;
M00;
M03 S1000;
G00 X45 Z2;
G70 P10 Q20;
G00 X100;
Z100;
M30;
```

任务实施

在实训基地的数控车工室，按照安全操作规程，加工该工件：

(1) 装夹毛坯。

(2) 分别对刃磨好的车刀进行试切法对刀。

(3) 输入并检查参考程序。

(4) 单段运行参考程序，隔着防护窗观察刀具轨迹。

（5）完成实训任务书。

课后练习

运用 G7.2 或 G7.3 代码编写车削如图 3-38 所示抛物线的程序。

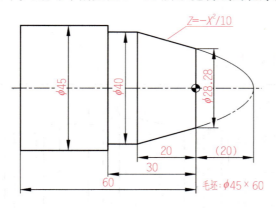

图 3-38 练习题零件图

任务小结

本任务主要涉及抛物线插补 G7.2、G7.3 代码的功能、格式、说明、注意事项以及数控车削案例。同学们需加强课后练习，熟练运用抛物线插补代码编程车削抛物线。

第四篇 技能训练篇

中级工技能考试模拟试题

一、车阶梯轴

1. 考试图样（图4-1）

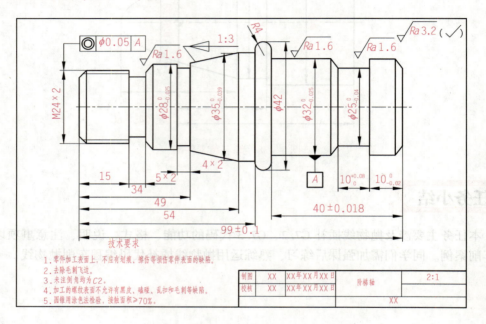

图4-1 阶梯轴

2. 考核要求

（1）考核内容。各尺寸公差、表面粗糙度达到图样要求；不准使用砂布、油石等打光加工表面。

（2）工时定额2.5 h。

（3）安全文明生产。正确执行国家颁布的安全生产法规有关规定或学校制定的有关文明生产规定，以及系统说明书中的相关规定。做到工厂场地整洁，工件、夹具、刀具、工具、量具放置合理、整齐。

技能鉴定模拟考试评分如表4-1所示。

表 4-1 数控车工技能鉴定模拟考试评分表

考件编号：_____ 姓名：_____ 准考证号：_____ 单位：_____

序号	考核项目	考核内容及要求		配分	评分标准	检测结果	扣分	得分
1	工艺分析	工艺不合理，视情况酌情扣分： (1) 工件定位和夹紧不合理；(2) 加工顺序不合理； (3) 刀具选择不合理；(4) 关键工序错误		10 分	每违反一条酌情扣 1 分。扣完为止			
2	外圆/mm	$\phi 28_{-0.025}^{0}$	IT	4 分	超差 0.01 扣 1 分			
			Ra	2 分	降级不得分			
		$\phi 35_{-0.039}^{0}$	IT	4 分	超差 0.01 扣 1 分			
			Ra	2 分	降级不得分			
		$\phi 32_{-0.025}^{0}$	IT	4 分	超差 0.01 扣 1 分			
			Ra	2 分	降级不得分			
		$\phi 42$	IT	2 分	超差 0.05 扣 2 分			
			Ra	1 分	降级不得分			
3	长度/mm	99 ± 0.1	IT	3 分	超差 0.01 扣 1 分			
			Ra	1 分	降级不得分			
		$10_{-0.02}^{0}$	IT	4 分	超差 0.01 扣 2 分			
			Ra	1 分	降级不得分			
		40 ± 0.018	IT	3 分	超差 0.01 扣 1 分			
			Ra	1 分	降级不得分			
		54	IT	1 分	超差 0.02 扣 1 分			
			Ra	1 分	降级不得分			
4	槽/mm	$10_{0}^{+0.08}$	IT	3 分	超差 0.01 扣 1 分			
			Ra	1 分	降级不得分			

续表

序号	考核项目	考核内容及要求		配分	评分标准	检测结果	扣分	得分
4	槽/mm	$\phi25_{-0.04}^{0}$	IT	3分	超差0.01扣1分			
			Ra	2分	降级不得分			
		5×2	IT	3分	酌情扣分			
			Ra	1分	降级不得分			
		4×2	IT	3分	酌情扣分			
			Ra	1分	降级不得分			
5	圆弧	R4	IT	2分	酌情扣分			
			Ra	1分	降级不得分			
6	外螺纹	M24×2	IT	10分	不合格不得分			
			Ra	2分	降级不得分			
7	圆锥	锥度 C=1:3		10分	超差不得分			
8	倒角	C2（四处）		2分	超差不得分			
9	安全文明生产	(1) 着装规范，未受伤。 (2) 刀具、工具、量具放置合理。 (3) 工件装夹、刀具安装规范。 (4) 正确使用量具。 (5) 进行清理、清洁、设备保养。 (6) 关机后机床部件停放位置合理。		10分	每违反一条酌情扣分，扣完为止			
10	否定项	发生重大事故（人身和设备安全事故等），严重违反工艺原则和情节严重的野蛮操作等，由监考人决定取消其实操鉴定资格						

检验员： 鉴定员：

监考人：

二、车喷嘴

1. 考试图样（图 4-2）

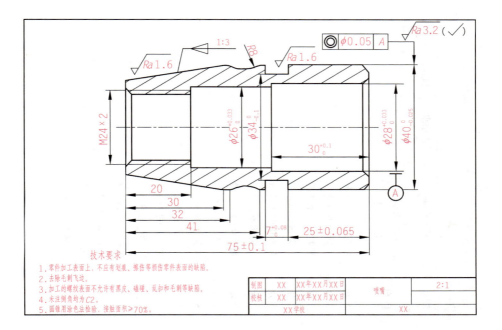

图 4-2 喷嘴

2. 考核要求

（1）考核内容。各尺寸公差、表面粗糙度达到图样要求；不准使用砂布、油石等打光加工表面。

（2）工时定额 2.5 h。

（3）安全文明生产。正确执行国家颁布的安全生产法规有关规定或学校制定的有关文明生产规定，以及系统说明书中的相关规定。做到工厂场地整洁，工件、夹具、刀具、工具、量具放置合理、整齐。

技能鉴定模拟考试评分如表 4-2 所示。

表 4-2 数控车工技能鉴定模拟考试评分表

考件编号：_____ 姓名：_____ 准考证号：_____ 单位：_____

序号	考核项目	考核内容及要求		配分	评分标准	检测结果	扣分	得分
1	工艺分析	工艺不合理，视情况酌情扣分： (1) 工件定位和夹紧不合理；(2) 加工顺序不合理； (3) 刀具选择不合理；(4) 关键工序错误		15分	每违反一条酌情扣1分。扣完为止			
2	孔径/mm	$\phi 26^{+0.033}_{0}$	IT	5分	超差0.01扣1分			
			Ra	2分	降级不得分			
		$\phi 28^{+0.033}_{0}$	IT	5分	超差0.01扣1分			
			Ra	2分	降级不得分			
3	外圆/mm	$\phi 40^{0}_{-0.025}$	IT	5分	超差0.01扣1分			
			Ra	2分	降级不得分			
		75 ± 0.1	IT	3分	超差0.01扣1分			
			Ra	1分	降级不得分			
	长度/mm	25 ± 0.065	IT	5分	超差0.02扣1分			
			Ra	1分	降级不得分			
		$30^{+0.1}_{0}$	IT	3分	超差0.01扣1分			
			Ra	1分	降级不得分			
4	槽/mm	$7^{+0.08}_{0}$	IT	5分	超差0.01扣1分			
			Ra	1分	降级不得分			
		$\phi 34^{0}_{-0.1}$	IT	3分	超差0.01扣1分			
			Ra	1分	降级不得分			

续表

序号	考核项目	考核内容及要求		配分	评分标准	检测结果	扣分	得分
5	圆弧	R8	IT	5分	酌情扣分			
			Ra	1分	降级不得分			
6	内螺纹	M24×2	IT	10分	不合格不得分			
			Ra	2分	降级不得分			
7	圆锥	锥度 $C=1:3$		10分	超差不得分			
8	倒角	C2（两处）		2分	超差不得分			
9	安全文明生产	（1）着装规范、未受伤。 （2）刀具、工具、量具放置合理。 （3）工件装夹、刀具安装规范。 （4）正确使用量具。 （5）进行清理、清洁、设备保养。 （6）关机后机床部件停放位置合理		10分	每违反一条酌情扣分，扣完为止			
10	否定项				发生重大事故（人身和设备安全事故等），严重违反工艺原则和情节严重的野蛮操作等，由监考人决定取消其实操鉴定资格			

监考人：　　　　　　　　　　检验员：　　　　　　　　　　鉴定员：

三、球头轴

1. 考试图样（图4-3）

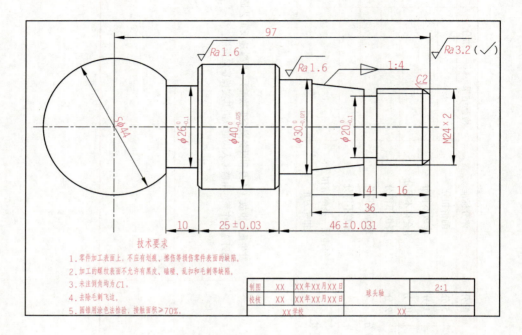

图4-3 球头轴

2. 考核要求

（1）考核内容。各尺寸公差、表面粗糙度达到图样要求；不准使用砂布、油石等打光加工表面。

（2）工时定额2.5 h。

（3）安全文明生产。正确执行国家颁布的安全生产法规有关规定或学校制定的有关文明生产规定，以及系统说明书中的相关规定。做到工厂场地整洁，工件、夹具、刀具、工具、量具放置合理、整齐。

技能鉴定模拟考试评分如表4-3所示。

表 4－3　数控车工技能鉴定模拟考试评分表

考件编号：_____　姓名：_____　准考证号：_____　单位：_____

序号	考核项目	考核内容及要求		配分	评分标准	检测结果	扣分	得分
1	工艺分析	工艺不合理，视情况酌情扣分： (1) 工件定位和夹紧不合理；(2) 加工顺序不合理； (3) 刀具选择不合理；(4) 关键工序错误		15 分	每违反一条酌情扣 1 分。扣完为止			
2	外圆/mm	$\phi 40_{-0.025}^{0}$	IT	4 分	超差 0.01 扣 1 分			
			Ra	2 分	降级不得分			
		$\phi 30_{-0.021}^{0}$	IT	4 分	超差 0.01 扣 1 分			
			Ra	2 分	降级不得分			
3	长度/mm	46 ± 0.031	IT	3 分	超差 0.01 扣 1 分			
			Ra	1 分	降级不得分			
		16	IT	2 分	降差 0.2 不得分			
			Ra	1 分	降级不得分			
		25 ± 0.03	IT	3 分	超差 0.01 扣 1 分			
			Ra	1 分	降级不得分			
		36	IT	1 分	降差 0.2 不得分			
			Ra	1 分	降级不得分			
4	槽/mm	10	IT	2 分	超差 0.01 扣 1 分			
			Ra	1 分	降级不得分			
		$\phi 26_{-0.1}^{0}$	IT	3 分	超差 0.01 扣 1 分			
			Ra	2 分	降级不得分			
		4	IT	2 分	酌情扣分			
			Ra	1 分	降级不得分			

续表

序号	考核项目	考核内容及要求		配分	评分标准	检测结果	扣分	得分
4	槽/mm	$\phi20_{-0.1}^{0}$	IT	3分	酌情扣分			
			Ra	2分	降级不得分			
5	球体	$S\phi44$	IT	7分	酌情扣分			
			Ra	2分	降级不得分			
6	外螺纹	$M24\times2$	IT	10分	不合格不得分			
			Ra	2分	降级不得分			
7	圆锥	锥度 $C=1:4$		10分	超差不得分			
8	倒角	$C2$(1处)、$C1$(2处)		3分	超差不得分			
9	安全文明生产	(1) 着装规范，未受伤。 (2) 刀具、工具、量具放置合理。 (3) 工件装夹、刀具安装规范。 (4) 正确使用量具。 (5) 进行清理、清洁、设备保养。 (6) 关机后机床部件停放位置合理。		10分	每违反一条酌情扣分，扣完为止			
10	否定项	检验员：			发生重大事故（人身和设备安全事故等）、严重违反工艺原则和情节严重的野蛮操作等，由监考人决定取消其实操鉴定资格			

监考人：　　　　　　　　　　　　　　　　　　　　　　　　　　　鉴定员：

四、锥套

1. 考试图样（图4-4）

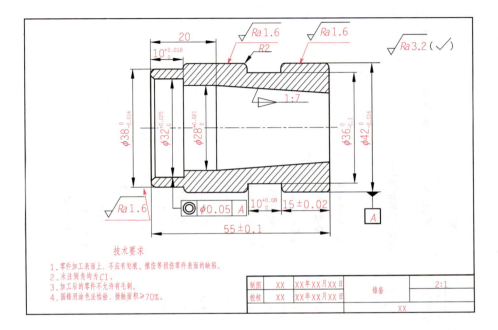

图4-4 锥套

2. 考核要求

（1）考核内容。各尺寸公差、表面粗糙度达到图样要求；不准使用砂布、油石等打光加工表面。

（2）工时定额2.5 h。

（3）安全文明生产。正确执行国家颁布的安全生产法规有关规定或学校制定的有关文明生产规定，以及系统说明书中的相关规定。做到工厂场地整洁，工件、夹具、刀具、工具、量具放置合理、整齐。

技能鉴定模拟考试评分如表4-4所示。

表 4-4 数控车工技能鉴定模拟考试评分表

考件编号：　　　　　　准考证号：　　　　　　单位：

姓名：

序号	考核项目	考核内容及要求		配分	评分标准	检测结果	扣分	得分
1	工艺分析	工艺不合理，视情况酌情扣分： (1) 工件定位和夹紧不合理；(2) 加工顺序不合理； (3) 刀具选择不合理；(4) 关键工序错误		15 分	每违反一条酌扣 1 分。扣完为止			
2	外圆/mm	$\phi 42_{-0.016}^{0}$	IT	4 分	超差 0.01 扣 1 分			
			Ra	2 分	降级不得分			
		$\phi 38_{-0.016}^{0}$	IT	4 分	超差 0.01 扣 1 分			
			Ra	2 分	降级不得分			
	孔径/mm	$\phi 32_{0}^{+0.025}$	IT	4 分	超差 0.01 扣 1 分			
			Ra	2 分	降级不得分			
		$\phi 28_{0}^{+0.021}$	IT	4 分	超差 0.05 扣 2 分			
			Ra	2 分	降级不得分			
3	长度/mm	55 ± 0.1	IT	3 分	超差 0.01 扣 1 分			
			Ra	1 分	降级不得分			
		$10_{0}^{+0.018}$ ($\phi 32$ mm 的孔深)	IT	4 分	超差 0.01 扣 2 分			
			Ra	2 分	降级不得分			
		15 ± 0.02	IT	3 分	超差 0.01 扣 1 分			
			Ra	1 分	降级不得分			

续表

序号	考核项目	考核内容及要求	配分		评分标准	检测结果	扣分	得分
4	槽/mm	$10^{+0.08}_{0}$	IT	4分	超差0.01扣1分			
			Ra	2分	降级不得分			
		$\phi 36^{0}_{-0.1}$	IT	4分	超差0.01扣1分			
			Ra	2分	降级不得分			
5	圆弧	R2（两处）	IT	4分	酌情扣分			
			Ra	2分	降级不得分			
6	圆锥	锥度 $C=1:7$	15分		超差不得分			
7	倒角	C1（4处）	4分		超差不得分			
8	安全文明生产	(1) 着装规范，未受伤。 (2) 刀具、工具、量具放置合理。 (3) 工件装夹、刀具安装规范。 (4) 正确使用量具。 (5) 进行清理、清洁、设备保养。 (6) 关机后机床部件停放位置合理	10分		每违反一条酌情扣分，扣完为止			
9	否定项				发生重大事故（人身和设备安全事故等），严重违反工艺原则和情节严重的野蛮操作等，由监考人决定取消其实操鉴定资格			

监考人： 检验员： 鉴定员：

参 考 文 献

［1］赵岐刚. 数控车削编程与加工［M］. 北京：电子工业出版社，2018.
［2］耿国卿. 数控车削编程与加工项目教程［M］. 北京：化学工业出版社，2016.
［3］周兰. 数控车削编程与加工［M］. 北京：机械工业出版社，2016.
［4］广州数控设备有限公司. GSK980TDb 数控车床 CNC 使用手册（第 2 版），2010.
［5］张梦欣. 数控车床编程与操作［M］. 北京：中国劳动社会保障出版社，2007.
［6］崔兆华. 数控车工（中级）［M］. 北京：机械工业出版社，2010.
［7］沈春根，徐晓翔，刘义. 数控车宏程序编程实例精讲［M］. 北京：机械工业出版社，2012.